決定版

コンパニオンプランツの野菜づくり

育ちがよくなる！
病害虫に強くなる！
植え合わせワザ
88

木嶋利男

家の光協会

コンパニオンプランツを活用して
おいしい野菜を育てよう

互いに恩恵を及ぼし合う関係

　コンパニオンプランツは、農薬や化学肥料に頼らないで、健全でおいしい野菜づくりを行うのに欠かせない栽培テクニックです。

　多くの植物は自然状態では、限られた環境の中でほかよりも自分が有利になるように競い合いながら生きています。しかし、1つの種類の植物だけがその場所を独占してしまうことは珍しく、草丈の高いものと低いもの、根の深いものと浅いもの、日なたが好きなものと多少の日陰でも生育できるものなどがうまくすみ分けて、いっしょになって生長しています。

　それだけではありません。異なる種類の植物がいっしょに暮らすことに、さまざまなメリットもあります。植物がひとかたまりになり、雨風を避け、土の流亡を防ぎます。多くの植物が育っていると、さまざまな虫や微生物もふえ、環境が多様になることで、特定の害虫や病原菌がはびこらなくなります。土壌微生物の中にはたとえば菌根菌のように、多くの種類の植物と共生関係を結ぶものもいて、菌糸のネットワークを通して異なる植物同士が必要な養分を融通し合うことも知られています。

　植物たちは、必ずしも勝つか負けるかを競い合って生きているわけではなく、実際には互いに恩恵を与え合いながら、ウインウインの関係で「共生」していることが多いのです。

コンパニオンプランツは
経験則と知恵の結集

　こうした現象があることは、古くから経験則的に知られ、栽培に応用されてきました。特に耕地面積が少ないアジアの農村では、ある野菜の株間に別の野菜を植え、隣の列にはさらに別の野菜を育てるといった混植が今でもよく見られます。

　現在、日本だけでなく世界各地で、キュウリやカボチャの株元に長ネギを混植する方法が広く行われるようになっています。もともとは栃木県に伝わるユウガオ（ウリ科）と長ネギの混植で連作障害を防ぐという伝承農法からヒントを得たものですが、科学的に分析してみると、長ネギには特定の根圏微生物が生息し、それが出す抗菌物質が多くの土壌病害を防ぐことが解明されました。研究の結果、ネギの仲間には同じ微生物が生息することがわかり、トマトやナスの株元にはニラ、イチゴには長ネギといった混植にも応用できることもわかりました。

　本書で取り上げたようにコンパニオンプランツとして知られる組み合わせは数多くありますが、上記のようにメカニズムが科学的に解明されているものはごく一部でしかありません。しかし、コンパニオンプランツは栽培の経験則と知恵の結集とも言えます。その植物の組み合わせにメリットがあり、時や場所が違っても再現性があるのなら、栽培に活用しない手はありません。コンパニオンプランツによって、植物がもつ本来の力を生かし、畑という小さな生態系の総合力を高めて、健全でおいしい野菜を育てましょう。

　　　　　　　　　　　　　　　　木嶋利男

コンパニオンプランツとは？
得られる4つの効果

➕ 病気予防

微生物の力で病原菌を退治

　長ネギ、ニラなどのネギの仲間は根に共生する微生物が抗生物質を出して、ウリ科、ナス科などの土壌病害の原因となる病原菌を減らします。

例：キュウリ×長ネギ、トマト×ニラ、イチゴ×ニンニクなど

菌寄生菌を使う

　うどんこ病にかかりやすいオオムギ、オオバコなどを利用して菌寄生菌をふやし、野菜などに被害を与えるうどんこ病菌を抑制する方法などがあります。

例：キュウリ×ムギ、ブドウ×オオバコなど

害虫忌避

香りや色で防除

　植物は虫に食べられないために、毒となるような忌避物質、防御物質を体の中でつくっています。進化の過程で、その効果を無毒化する能力を身につけたのが「害虫」です。しかし、その能力はごく限られた特定の植物にしか有効ではありません。害虫は植物の香りや色などを手がかりに、自分にとって毒となる危険な植物は避け、特定の植物のみを食べています。異なる種類の野菜を混植すると害虫は混乱し、目当ての野菜を探せなくなり、近くで育つほかの種類の野菜も守られます。

例：トマト×バジル、キャベツ×サニーレタス、カブ×ニンジンなど

コンパニオンプランツとは、近くで育てると相性がよく、共栄する植物のことです。
日本語では「共栄植物」という訳語が当てられますが、組み合わせる2種類の植物のどちらにとってもメリットがある場合もあれば、どちらか1種類がより多くのメリットを得る場合もあります。
その効果には、大きく分けて以下の4つがあります。
1つの組み合わせが、複数の項目に当てはまる場合もあります。

天敵をふやす

　害虫は特定の植物しか食べないのに対して、天敵（益虫）は幅広い害虫を食べる傾向があります。これを利用したのが「バンカープランツ」です。栽培する野菜の近くに別の種類の植物を育て、天敵をふやすことで、野菜の害虫を減らします。

例：ピーマン×ナスタチウムなど

生育促進
適度なストレスがプラスに

　異なる種類の野菜を近くで育てると、草丈が大きくなったり、収量が増えたりします。根が助け合って伸びて、吸水がよくなったり、空気の通りがよくなったりすることがあります。葉や茎、根から分泌される特定の物質や根のまわりの微生物の働きで養分の吸収がよくなることも考えられます。混植が適度なストレスとなり、花芽分化が促されたり、病害虫や気候の変化に強くなる場合もあります。また、マメ科では微生物の働きで土が肥沃になり、生育が促進されます。

例：トマト×ラッカセイ、サトイモ×ショウガ、イチゴ×ニンニクなど

空間の有効活用
もう1品、多く育てられる

　空間の利用はコンパニオンプランツの最大の利点といえます。相性がよいもの同士であれば、近くに詰めて育てることができます。「1斗の枡には1斗分のクルミしか入らないが、粟を混ぜると1斗分のクルミと1升分の粟が入る」という考え方です。株元の空いた空間でもう1品、多く育てられます。特に家庭菜園など、限られた面積での栽培で効果的です。

例：トウモロコシ×カボチャ、ナス×パセリ、ピーマン×ラッカセイ、サツマイモ×つるなしササゲ、サトイモ×ショウガなど

効果を最大限に引き出す
栽培の基本とポイント

混植
1つの畝で異なる野菜を育てる

[基本]

1つの野菜の株間や条間に別の種類の野菜を育てます。メインとなる野菜は単作で育てたときと同じ程度の収量が得られ、同時に混植する野菜も一定以上収穫できて、トータルで収量が増えることが基本。互いの育てる位置関係、栽培スタートのタイミングなどが重要です。

ポイント：育てる野菜の性質をよく理解して活用します。トマトとラッカセイの混植は、「草丈の高いタイプ（トマト）×低いタイプ（ラッカセイ）」の組み合わせであると同時に、「吸肥力の強いタイプ（トマト）×土を肥沃にするタイプ（ラッカセイ）」です。ラッカセイにも日光がよく当たったほうがよく育ち、おいしくなるので、トマトの株間や条間に植えるよりも畝の肩などに植えて日光を確保します。同時にラッカセイの茎や葉で地表を覆って、トマトにとってのマルチングの効果も狙います。

アブラナ科のキャベツとキク科のリーフレタスの混植は、おもにキャベツの害虫の忌避を目的に行うものです。通常はキャベツ4～5株にリーフレタス1株で効果がありますが、モンシロチョウやコナガの幼虫による被害の大きい畑の場合は、リーフレタスの株数を増やします。

間作
生育期間のズレを巧みに利用する

[基本]

間作はそれぞれの作物の生育期間の差を利用します。ふつう混植が2種類以上の作物をほぼ全期間にわたっていっしょに栽培するのに対して、間作はある作物を収穫する前の一定期間、いっしょに栽培します。例えば、ナスは春から秋まで長期間育てますが、同じ畝で春に栽培期間の短いつるなしインゲンを育て、夏以降にはナスの株元にダイコンの種をまいて栽培することが可能です。こうした場合は「間作」と呼びます。

ポイント：春どりのキャベツとソラマメは、すでに育っているキャベツの苗を寒風よけにしてソラマメを育てるものです。単にいっしょに植えるだけでなく、風向きを考えた利用が大切です。

タマネギの畝に緑肥のクリムソンクローバーをまくのは土を肥沃にする目的。サトイモの株間でセロリを育てるのは日陰の利用が目的です。それぞれに目的を明確にして栽培を行います。

ジャガイモとサトイモの間作は、ジャガイモの条間や畝と畝の間を利用して、ジャガイモを収穫する前にサトイモの栽培をスタートさせます。ジャガイモの土寄せが終わった段階でサトイモを植えつけるなど、作業の効率も考慮しながら活用します。

混植・間作の基本パターン

単子葉植物×双子葉植物
ピーマン（双子葉植物）とニラ（単子葉植物）の混植。双子葉植物は発芽時に双葉をつける。単子葉植物はネギの仲間のほか、イネ科、サトイモ科など。根圏微生物が異なり、利用する肥料成分も異なる

深根タイプ×浅根タイプ
ホウレンソウ（深根タイプ）と葉ネギ（浅根タイプ）の混植。根が競合しない

草丈の高いタイプ×低いタイプ
草丈の高いナスの株元で草丈の低いラッカセイが育つ。葉の伸びが競合せず、空間を有効利用できる

コンパニオンプランツの効果を引き出すには、それぞれの畑に合った栽培時期、混植時の距離、品種などの条件を調整していく必要があります。
経験を積み重ねながら、自分ならではのコンパニオンプランツの活用法を見つけてください。
ここでは、コンパニオンプランツ栽培の基本とポイントを
3つのパターンに分けて解説します。

リレー栽培
前後作の相性を活用する

[基本]
コンパニオンプランツで相性のよい組み合わせは、ほとんどの場合、前作、後作の組み合わせにしてもプラスの効果が得られます。前作の栽培が次作の環境づくりになっているため、後作がよく育つだけでなく、場合によっては堆肥や元肥を施して耕す土づくりの期間を省略でき、より効率的に畑を利用できます。

ポイント：タマネギの畝でカボチャや秋ナスを育てたり、ダイコンのあとにキャベツを育てたりすると、前作で病原菌を減らすことができるため、病気の防除に役立ちます。

また、エダマメの栽培で土が肥沃になった場所を利用して育てると、肥料の量を減らすことができます。しかし、その同じ場所でもブロッコリーよりもハクサイのほうが肥料の量が多めに必要になります。育てる作物の性質や効果を理解して栽培すると、より賢く活用できます。

◎ 避けたい組み合わせ

コンパニオンプランツの逆で、いっしょに育てると悪影響を及ぼす組み合わせがあります。キャベツの近くでジャガイモを育てると、キャベツのアレロパシー（他感作用）により、ジャガイモの生育が悪くなります。下の写真では、キャベツのすぐ隣の列のジャガイモだけ、育ちが悪いのがわかります。

また、病害虫が共通する組み合わせもあります。キュウリとインゲンは生育促進では相性がよい組み合わせですが、どちらもネコブセンチュウが寄生し、ふやします。センチュウ害が多発する畑では避けます。そのほか、避けたい組み合わせはp.127を参照してください。

日当たりを好むタイプ × 日陰でもよく育つタイプ
サトイモの大きな葉の日陰でショウガが育つ。空間を有効利用でき、品質の向上にもつながる

吸肥力の強いタイプ × 土を肥沃にするタイプ
トウモロコシは吸肥力が強く、広範囲から養分を集める。マメ科のダイズ（エダマメ）は根粒菌の働きで土を肥沃にする

生育期間の長いタイプ × 短いタイプ
ダイコンが大きくなる前の空間を利用してルッコラを収穫。ルッコラの香りによる害虫忌避を生かす

Contents

コンパニオンプランツを活用して
おいしい野菜を育てよう ……… 2

コンパニオンプランツとは？
得られる4つの効果 ……… 4

効果を最大限に引き出す
栽培の基本とポイント ……… 6

いっしょに育てる コンパニオンプランツ

[混植・間作]

トマト ✕ ラッカセイ ……… 12
トマト ✕ バジル ……… 14
トマト ✕ ニラ ……… 15

ナス ✕ ショウガ ……… 16
ナス ✕ つるなしインゲン ……… 18
ナス ✕ ダイコン ……… 19
ナス ✕ パセリ ……… 20
ナス ✕ ニラ ……… 21

ピーマン ✕ ナスタチウム ……… 22
ピーマン ✕ ニラ ……… 23

キュウリ ✕ ナガイモ ……… 24
キュウリ ✕ 長ネギ ……… 26
キュウリ ✕ ムギ ……… 27

カボチャ ✕ トウモロコシ ……… 28
カボチャ ✕ 長ネギ ……… 30
カボチャ ✕ オオムギ ……… 31

スイカ ✕ 長ネギ ……… 32
スイカ ✕ スベリヒユ ……… 33

メロン ✕ 長ネギ ……… 34
メロン ✕ スズメノテッポウ ……… 35

トウモロコシ ✕ つるありインゲン ……… 38
トウモロコシ ✕ アズキ ……… 40
トウモロコシ ✕ サトイモ ……… 41

エダマメ ✕ トウモロコシ ……… 42
エダマメ ✕ サニーレタス ……… 44
エダマメ ✕ ミント ……… 45

つるありインゲン ✕ ルッコラ ……… 46
つるありインゲン ✕ ゴーヤー ……… 47

キャベツ ✕ サニーレタス ……… 48
キャベツ ✕ ソラマメ ……… 50
キャベツ ✕ ハコベ、シロツメクサ ……… 51

ハクサイ ✕ エンバク ……… 52
ハクサイ ✕ ナスタチウム ……… 53

コマツナ ✕ リーフレタス ……… 54
コマツナ ✕ ニラ ……… 55

ホウレンソウ ✕ 葉ネギ ……… 56
ホウレンソウ ✕ ゴボウ ……… 57

シュンギク ✕ チンゲンサイ ……… 58
シュンギク ✕ バジル ……… 59

葉物野菜のミックス栽培 ……… 60

玉レタス ✕ ブロッコリー ……… 62

ニラ ✖ アカザ		63
タマネギ ✖ ソラマメ		64
タマネギ ✖ クリムソンクローバー		66
タマネギ ✖ カモミール		67
カブ ✖ 葉ネギ		70
カブ ✖ リーフレタス		71
ダイコン ✖ マリーゴールド		72
ダイコン ✖ ルッコラ		72
ラディッシュ ✖ バジル		74
ニンジン ✖ エダマメ		75
ニンジン ✖ ダイコン、ラディッシュ		76
ニンジン ✖ カブ、チンゲンサイ		76
サツマイモ ✖ 赤ジソ		78
サツマイモ ✖ つるなしササゲ		79
ジャガイモ ✖ サトイモ		80
ジャガイモ ✖ アカザ、シロザ		82
秋ジャガイモ ✖ セロリ		83
サトイモ ✖ ショウガ		84
サトイモ ✖ ダイコン		86
サトイモ ✖ セロリ		87
イチゴ ✖ ニンニク		88
イチゴ ✖ ペチュニア		89
赤ジソ ✖ 青ジソ		90
ミョウガ ✖ ローズマリー		91

順番に育てる
コンパニオンプランツ

[リレー栽培]

エダマメ ➡ ハクサイ		96
エダマメ ➡ ニンジン、ダイコン		98
スイカ ➡ ホウレンソウ		99
トマト ➡ チンゲンサイ		100
キュウリ ➡ ニンニク		101
ピーマン ➡ ホウレンソウ、玉レタス		102
ダイコン ➡ キャベツ		103
ダイコン ➡ サツマイモ		104
ニンニク ➡ オクラ		105
タマネギ ➡ カボチャ		106
タマネギ ➡ 秋ナス		107
ゴボウ ⬅➡ ラッキョウ		108
越冬ホウレンソウ ➡ ブロッコリー		109
越冬ブロッコリー ➡ エダマメ		110
越冬ブロッコリー ➡ 秋ジャガイモ		111

おいしく実らせる 果樹のコンパニオンプランツ

[果樹栽培]

柑橘類 ✕ ナギナタガヤ、ヘアリーベッチ ……… 118

ブドウ ✕ オオバコ ……… 119

ブルーベリー ✕ ミント ……… 120

カラント類 ✕ ベッチ ……… 121

イチジク ✕ ビワ ……… 122

カキ ✕ ミョウガ ……… 123

プラム ✕ ニラ ……… 124

オリーブ ✕ ジャガイモ、ソラマメなど ……… 125

column

1. 草生栽培のすすめ 生やしておくとよい雑草 ……… 36
2. 写真で見る コンパニオンプランツ実践例 ……… 68
3. バンカープランツ、障壁作物、縁取り作物の使い方 ……… 92
4. 混植＆リレー栽培をミックス 次々に収穫する年間プラン ……… 112
5. 土を豊かにし、次作がよく育つ 緑肥作物の使い方 ……… 116

コンパニオンプランツ早見表 ……… 126

※栽培の時期の目安は関東地方を基準にしています。

いっしょに育てる コンパニオンプランツ

[混植・間作]

異なる種類の野菜同士を、同時期に近くで育てる「混植」と一定期間いっしょに育てる「間作」の代表例を、野菜ごとに紹介します。組み合わせる作物は、野菜以外にもハーブ、花、雑草などもあります。お互いがよく育つ植え合わせです。

トマト ✕ ラッカセイ

生育促進　空間利用

トマトの生育がよくなり、マルチとしても役立つ

　トマトは肥料過多で栽培すると、果実がつきにくくなったり、果実がついても水っぽくなったりします。ラッカセイを混植すると、追肥を施さなくてもラッカセイの根につく根粒菌の働きで、空気中の窒素が固定され、土が肥沃になり、トマトに適度に養分が供給されます。また、ラッカセイの根には菌根菌がつきやすく、リン酸分やミネラルなどをトマトに橋渡しします。

　ラッカセイは地面を這うように生育し、マルチ代わりになって土を保湿します。余分な水分はラッカセイが吸うので、土中の水分が一定に保たれ、結果として、甘い良質のトマトが安定してとれるようになります。また、トマトの裂果も少なくなります。

応用： ラッカセイとの混植は、ナスやピーマンにも応用できる。

栽培プロセス

【品種選び】 トマトは一般的な品種ならなんでもよい。ラッカセイは『おおまさり』など、ほふく性の品種のほうがマルチ代わりになり、扱いやすい。

【土づくり】 ほかの野菜がよく育つ土なら、元肥は不要。やせた土なら、植えつけの3週間前に完熟堆肥とぼかし肥を施して耕し、畝立てを行う。

【植えつけ】 4月下旬～5月下旬にトマト、ラッカセイともに苗で植えつける。

【トマトの芽かき】 わき芽を取り除き、1本仕立てで育てるとよい。

【追肥】 行わなくてよい。

【収穫】 トマトは完熟になったものから順次収穫。霜が降りるまで収穫できる。ラッカセイは9月下旬以降に試し掘りをして、大きな莢がついていたら掘り上げる。

ポイント

ラッカセイは茎が伸びたら、2週間あけて2回程度、通路の土を使って株元に土寄せをすると生育がよくなり、莢もよくとれる。

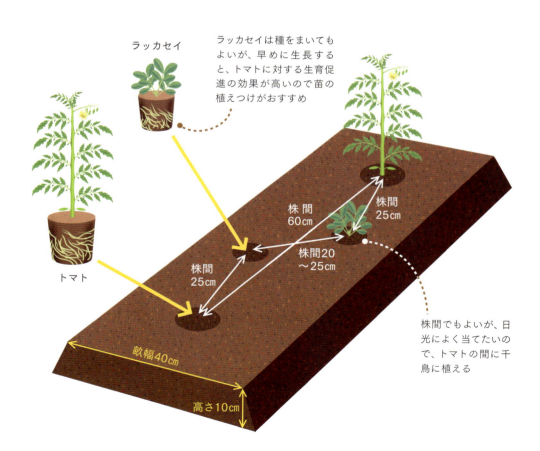

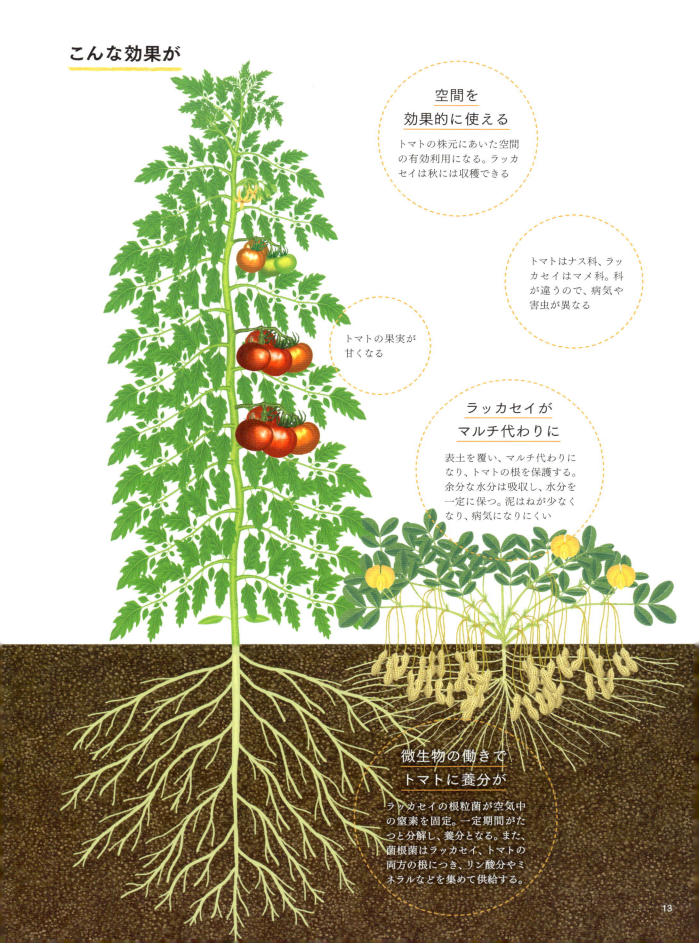

トマト ✕ バジル

生育促進　害虫忌避

バジルの香りが虫よけに。果実も甘くなる

　バジルもトマトもほかの植物をあまり寄せつけないアレロパシー（他感作用）の強い植物ですが、なぜか相性がよく、互いに近くに植えてもよく育ちます。食材としても相性のよいのがおもしろいところです。

　バジルのさわやかな香りがトマトにつくアブラムシなどの害虫を忌避します。ただし近くに植えすぎると、バジルがトマトの陰になって育ちが悪くなります。逆にあまり離して植えてしまうと、害虫よけにはなりません。適切な距離で植えることが肝心です。

　雨の日が多少続いても、バジルが適度に水分を吸収するため、トマトの実が水っぽくならず、甘く育ちます。

栽培プロセス

【品種選び】トマトは一般的な品種ならなんでもよい。バジルは『スイートバジル』のほか、紫色の『ダークオパールバジル』『パープルラッフルバジル』なども利用できる。植えつけの1か月前に種をまいて苗を育てておく。

【土づくり】ほかの野菜がよく育つ土なら、元肥は不要。やせた土なら、植えつけの3週間前に完熟堆肥とぼかし肥を施して耕し、畝立てを行う。

【植えつけ】4月下旬～5月下旬に、トマトと同時にバジルも苗を植えつける。

【トマトの芽かき】わき芽を取り除き、1本仕立てで育てるとよい。

【追肥】行わなくてよい。

【収穫】トマトは完熟になったものから順次収穫。霜が降りるまで収穫できる。

ポイント

バジルは葉が5～6対伸びたら、中央の茎を上から葉を2対つけて切り、収穫する。わき芽が伸びたら随時、先端を摘み取って収穫する。葉がやわらかく、香りも強くなり、害虫忌避の効果が高まる。トマトを早めに終えて次作に移る場合、バジルは地上部を切り詰めて移植すると、秋の終わりまで育ち、収穫できる。

2条植えの場合も、条間ではなく、日光のよく当たる株間にバジルを植えつける

バジルが適度に水分を吸うため、トマトの果実は水っぽくならず、甘くなる

バジルの香りがトマトにつくアブラムシなどの害虫を忌避

トマト

トマトの株間に植えつける。畑の土にもよるが、トマトとは30cm程度離すとよい

バジル

トマト

株間30cm

株間60cm

トマト × ニラ

病気予防　害虫忌避

ニラの根につく微生物の働きで土壌中の病原菌を減らす

　ニラやネギなど、ネギ属の植物は根の表面に抗生物質を分泌する拮抗菌が共生しています。これを利用することで、トマトの代表的な土壌病害である萎ちょう病の病原菌を減らすなど、病気の発生を防ぐことができます。

　トマトには根が浅く伸びる葉ネギよりも、トマトと同じように根が深く伸びるニラがよく合います。トマト1株に対して、左右にニラ3株ずつ植えつけます。コツはニラの根でトマトの根をガードするつもりで、互いの根が触れ合うように植えつけることです。

　地上部ではニラの香りが害虫防除にも役立ちます。ラッカセイやバジルなどの混植と組み合わせることもできます。

応用： ニラとの混植は、ナス、ピーマンなどのナス科に広く応用できる（p.21、23参照）。

栽培プロセス

【品種選び】 トマトは一般的な品種ならなんでもよい。ニラの種まきは3月上旬。ポットなどで育てる。トマトの苗の植えつけまでに大きく育たない場合もあるので、前年の9月中旬～10月中旬に種をまくか、苗を購入しておくと安心。

【土づくり】 ほかの野菜がよく育つ土なら、元肥は不要。やせた土なら、植えつけの3週間前に完熟堆肥とぼかし肥を施して耕し、畝立てを行う。

【植えつけ】 4月下旬～5月下旬にトマトと同時にニラを植えつける。

【トマトの芽かき】 わき芽を取り除き、1本仕立てで育てるとよい。

【追肥】 行わなくてよい。

【収穫】 トマトは完熟になったものから順次収穫。霜が降りるまで収穫できる。

ポイント

ニラは葉を増やしながら、分げつを繰り返す。伸びてきたら、株元2～3cm程度を残して収穫。定期的に収穫することで、常にやわらかく香り高い葉が育つ。トマトの収穫が終わったら、ニラを掘り上げて移植しておくと、翌年も利用できる。

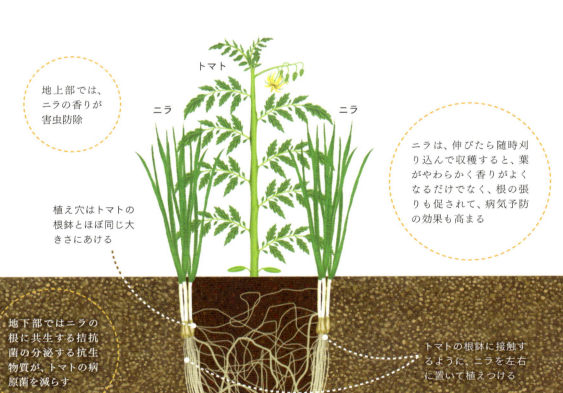

地上部では、ニラの香りが害虫防除

植え穴はトマトの根鉢とほぼ同じ大きさにあける

地下部ではニラの根に共生する拮抗菌の分泌する抗生物質が、トマトの病原菌を減らす

ニラは、伸びたら随時刈り込んで収穫すると、葉がやわらかく香りがよくなるだけでなく、根の張りも促されて、病気予防の効果も高まる

トマトの根鉢に接触するように、ニラを左右に置いて植えつける

ナス ✕ ショウガ

生育促進 害虫忌避 空間利用

ナスの日陰を有効利用。収量をアップさせる

　ナスは苗を植えつけた5月から片づけの11月まで、長い間、畝を占有します。草丈が高くなるにつれて、ナスの株元には空間が生まれますが、この空間を利用してほかの野菜を育ててみましょう。

　ショウガは栽培期間がナスとほぼ同じ。しかもやや日陰でもよく育ちます。そこで、ナスの株元で葉の陰になる場所に、ショウガを植えつけます。ナスは地中深くに根を伸ばし、水分を吸い上げるため、水を好むショウガも水を吸いやすくなります。ショウガとナスは好む養分の種類が異なるため、競合を起こすことなく、ともに収量が増加します。

栽培プロセス

【品種選び】ナス、ショウガともに品種は特に選ばない。ナスは接ぎ木苗を利用するとより強健に育つ。

【土づくり】植えつけの3週間前に完熟堆肥とぼかし肥を施して耕し、畝立てを行う。

【植えつけ】4月下旬～5月下旬にナスもショウガも植えつける。種ショウガは1片50g程度に割って、3個並べてナスの葉陰に植えつける。

【追肥】ナスの生育のために、半月に1回を目安に畝の表面全体にぼかし肥を1握り施す。

【敷きわら】ナスもショウガも乾燥が苦手。マルチ代わりに敷きわらを行う。

【収穫】ナスは実った果実を順次収穫。ショウガは霜が降りる前の11月に掘り上げ、同時にナスも片づける。

ポイント

ショウガは真夏の強い日光が苦手なので、ナスの葉陰に植える。ナスの夏の切り戻しで根切りを行ったときに葉ショウガで収穫してもよい。

ナスの日陰を利用してよく育ったショウガ

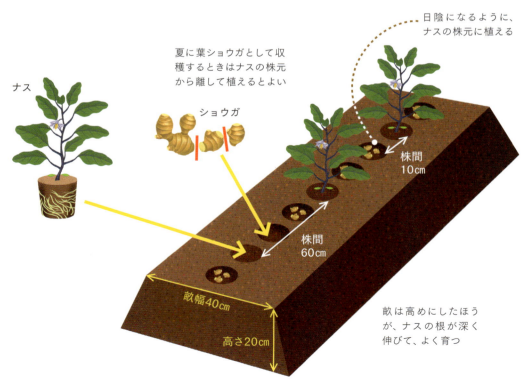

こんな効果が

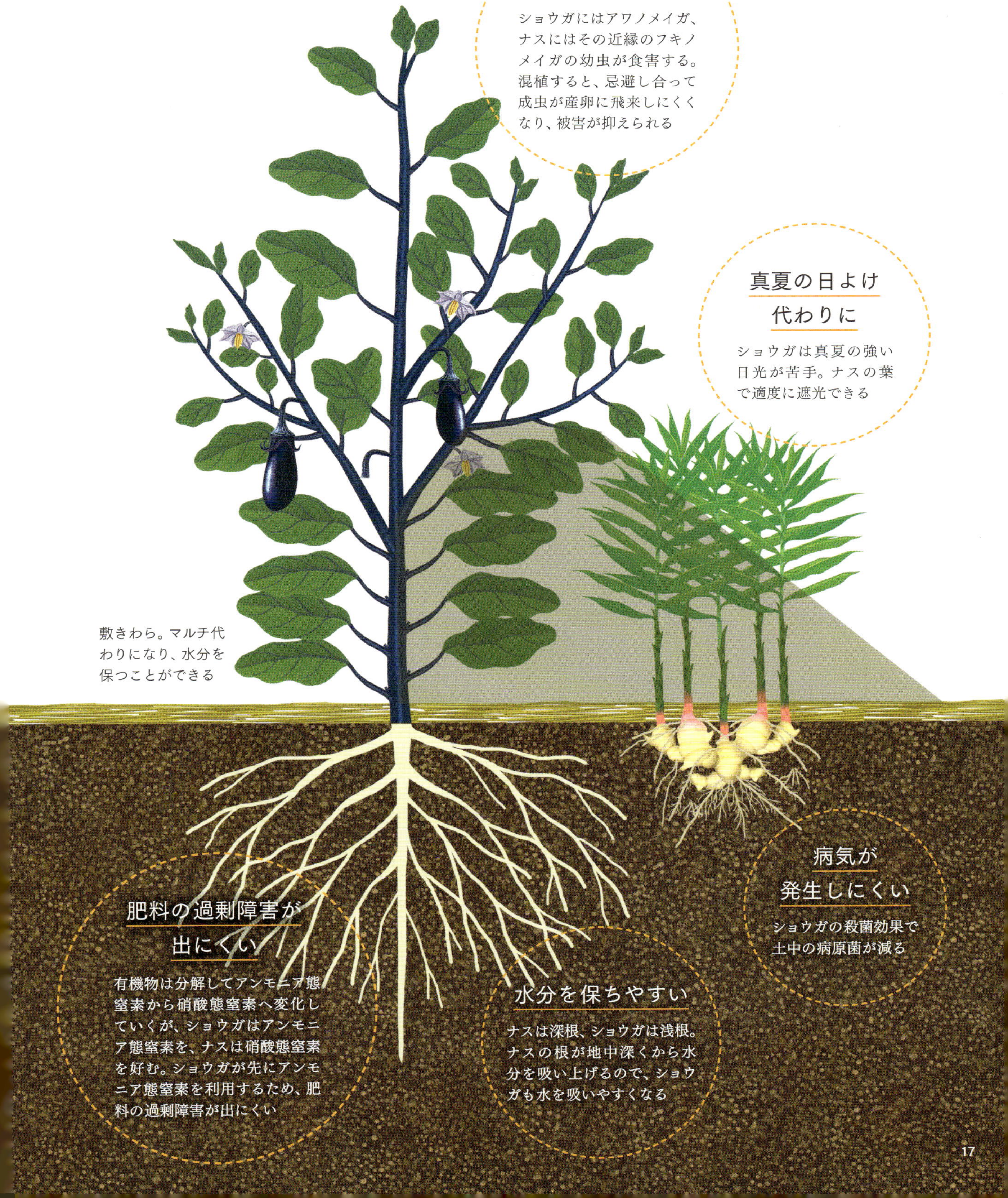

害虫がつきにくい

ショウガにはアワノメイガ、ナスにはその近縁のフキノメイガの幼虫が食害する。混植すると、忌避し合って成虫が産卵に飛来しにくくなり、被害が抑えられる

真夏の日よけ代わりに

ショウガは真夏の強い日光が苦手。ナスの葉で適度に遮光できる

敷きわら。マルチ代わりになり、水分を保つことができる

肥料の過剰障害が出にくい

有機物は分解してアンモニア態窒素から硝酸態窒素へ変化していくが、ショウガはアンモニア態窒素を、ナスは硝酸態窒素を好む。ショウガが先にアンモニア態窒素を利用するため、肥料の過剰障害が出にくい

水分を保ちやすい

ナスは深根、ショウガは浅根。ナスの根が地中深くから水分を吸い上げるので、ショウガも水を吸いやすくなる

病気が発生しにくい

ショウガの殺菌効果で土中の病原菌が減る

ナス × つるなしインゲン

生育促進　空間利用　害虫忌避

マメ科との混植で土を肥沃にし、株元を乾燥から守る

　マメ科のつるなしインゲンの根には根粒菌が共生し、空気中の窒素を固定します。この窒素分はおもにつるなしインゲンの生育に用いられますが、一部は古くなった根粒が根から剥離したり、根から排泄物が放出されたりして、周囲の土が肥沃になっていきます。そのため、つるなしインゲンを混植することでナスの生育がよくなります。

　また、つるなしインゲンは草丈が低く、こんもりと茂り、ナスの株元に日陰をつくるので、保湿の効果もあります。科が異なるので、ナスにつくアブラムシやハダニなどはつるなしインゲンを忌避し、つるなしインゲンにつくアブラムシやハダニなどはナスを忌避するため、互いに被害が少なくなります。

応用： つるなしインゲンの代わりにラッカセイを用いてもよい（p.12参照）。また、インゲンはピーマンなどと混植しても同様の効果が得られる。

栽培プロセス

【品種選び】インゲンはつるなしの品種を選ぶこと。ナスは接ぎ木苗を利用するとより強健に育つ。

【土づくり】植えつけの3週間前に完熟堆肥とぼかし肥を施して耕し、畝立てを行う。

【植えつけ、種まき】4月下旬〜5月下旬にナスを植えつける。同時か少し遅れて、つるなしインゲンの種まきを行う。

【間引き】インゲンは本葉1.5枚で間引いて1〜2本立ちにする。

【追肥】ナスの生育のために、半月に1回を目安に畝の表面全体にぼかし肥を1握り施す。施しすぎると、つるなしインゲンは葉が茂るだけで、花がつきにくくなる。

【収穫】ナスは実った果実を順次収穫。つるなしインゲンは種まきから60日ほどで収穫が始まる。収穫終了までは10日間程度。終わった株は抜き取らず、株元で切る。

【敷きわら】つるなしインゲンを処分したら、すぐにマルチ代わりに敷きわらを行う。

ポイント

つるなしインゲンは早めに若どりする。とり遅れると、かたくなり食味が落ちるだけでなく、ナスの生育促進の効果が落ちる。処分するとき、株元で切った茎や葉はマルチ代わりにその場に敷いてもよい。また収穫後にまき直して秋どりもできる。

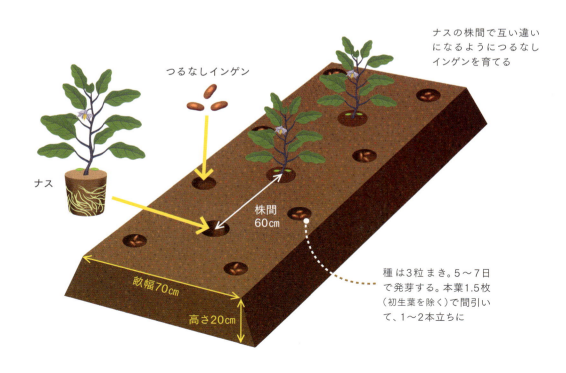

ナス ✕ ダイコン

空間利用　生育促進

株元の空いたスペースで秋のダイコンが収穫できる

　ナスは真夏を迎えるころには草丈が高くなり、根は地中深くに伸びて、多少の乾燥には耐えられる状態になっています。空いた株元でダイコンを栽培します。

　8月上旬に枝の切り戻し（夏剪定）と同時に根切りを行ったら、直後にダイコンの種をまきます。ナスの葉で夏の強い直射日光が避けられ、ダイコンは発芽しやすく、順調に育ちます。この時期であれば、60～80日程度で収穫でき、秋のサンマのおいしい時期（9～10月）に間に合います。

応用： ダイコンの代わりに、キャベツやサントウサイ、ハクサイなどの苗を早めに植えつけてもよい。ナスの日陰を利用して夏に生育しづらいリーフレタスなどを育てることもできる。

栽培プロセス

【品種選び】ナスもダイコンも特に品種は選ばないが、ダイコンは夏まきに適した品種もある。

【土づくり】植えつけの3週間前に完熟堆肥とぼかし肥を施して耕し、畝立てを行う。

【植えつけ、種まき】4月下旬～5月下旬にナスを植えつける。夏の切り戻しの直後からダイコンの種まきが可能。

【間引き】ダイコンは数回に分けて間引き、本葉6～7枚までに1本立ちにする。

【追肥】ナスの生育のために、半月に1回を目安に畝の表面全体にぼかし肥を1握り施す。

【収穫】ナスは実った果実を順次収穫。ダイコンは品種に適した栽培日数で収穫。まだ秋の暖かい時期の収穫になるので、放置すると割れやすくなる。

ポイント

ダイコンの種まきのタイミングに注意。11月以降、畝をほかの栽培に使うときは、8月中旬までにダイコンをまく。旧盆を越すと雨が降り、発芽しやすいが、収穫は遅くなる。冬どり用のダイコンであれば、9月下旬まで種をまける。

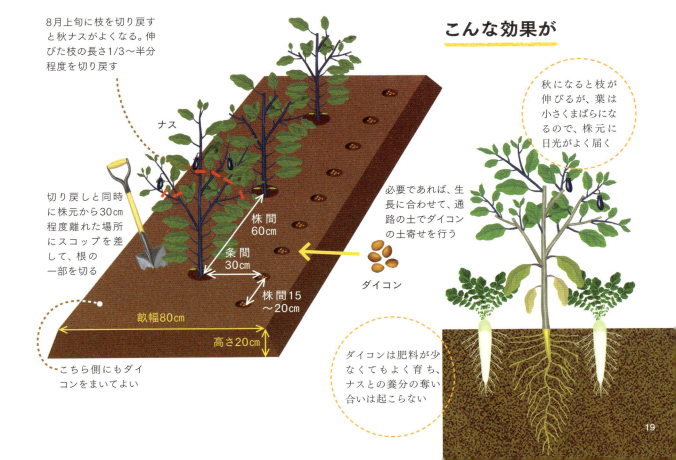

こんな効果が

8月上旬に枝を切り戻すと秋ナスがよくなる。伸びた枝の長さ1/3～半分程度を切り戻す

切り戻しと同時に株元から30cm程度離れた場所にスコップを差して、根の一部を切る

こちら側にもダイコンをまいてよい

ナス
株間 60cm
条間 30cm
株間15～20cm
畝幅80cm
高さ20cm

必要であれば、生長に合わせて、通路の土でダイコンの土寄せを行う

ダイコン

秋になると枝が伸びるが、葉は小さくまばらになるので、株元に日光がよく届く

ダイコンは肥料が少なくてもよく育ち、ナスとの養分の奪い合いは起こらない

ナス ✕ パセリ

 害虫忌避　 空間利用　 生育促進

ナスの日陰でも元気に育ち、マルチ代わりになる

　ナスの株間でパセリを混植するとナスもパセリもよく育ちます。パセリは同じナス科のトマトと混植すると溶けるように枯れてなくなってしまいますが、ナスとは大変相性がよいことが知られています。ナス、パセリともに深根タイプですが、なぜか競合しません。

　パセリは夏場の強い日光が苦手で、ナスの日陰でよく育ちます。草丈は低く、葉が放射状に広がって畝の上を覆い、マルチ代わりになってナスの根を保湿します。また、パセリはセリ科で、独特の香りがあり、ナスにつく害虫を忌避します。パセリを好むキアゲハやアブラムシの被害も少なくなります。

応用： パセリの代わりにイタリアンパセリも育てられる。また、パセリはピーマンなどと混植しても同様の効果が得られる。

栽培プロセス

【品種選び】 ナス、パセリともに品種は特に選ばない。ナスは接ぎ木苗を利用するとより強健に育つ。パセリは購入苗を利用するか、3月中旬に種まきをして苗を準備する。

【土づくり】 植えつけの3週間前に完熟堆肥とぼかし肥を施して耕し、畝立てを行う。

【植えつけ】 4月下旬〜5月下旬にナスとパセリを同時に植えつける。

【追肥】 ナスの生育のために、半月に1回を目安に畝の表面全体にぼかし肥を1握り施す。パセリのための肥料は特に考えなくてもよい。

【敷きわら】 パセリが繁茂し、地表を覆うようになると、マルチ代わりになる。必要なら畝のほかの場所を敷きわらで覆う。

【収穫】 ナスは実った果実を順次収穫。パセリは大きく伸びた外葉から順次摘み取る。ナスは収穫が終わったら株元で切り、晩秋以降はパセリに日光をよく当てる。春にトウ立ちするまで栽培できる。

ポイント

パセリは外葉からかき取って随時収穫する。あまり頻繁にとりすぎると生育が悪くなるので、葉は常に10枚以上残しておく。ナスの害虫を忌避する効果も高まる。

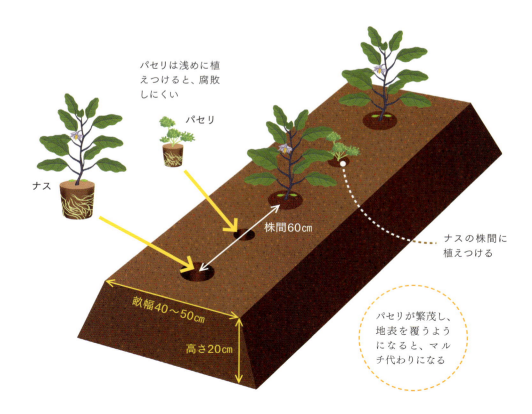

ナス X ニラ

病気予防　害虫忌避

拮抗菌の出す抗生物質で
ナスの土壌病害を防ぐ

　ニラなど、ネギ属の植物の根にはバークホーデリア・グラジオリーという細菌（拮抗菌）が共生し、一種の抗生物質を出して、土壌中の病原菌を減らします。特にナスの土壌病害として知られる半枯病などの対策として有効です。

　トマトとニラの場合（p.15参照）と同様に、ナスの根も地中深くに伸びるため、同じ深根タイプのニラを用い、ナスの株元近くに植えて両者の根を接触させることで、病原菌抑制の効果を高めます。ニラは単子葉植物、ナスは双子葉植物で系統的に遠く、好んで利用する養分の種類も異なるため、近くに混植しても、競合が起きて生育が悪くなることはありません。

応用： ニラとの混植は、トマトやピーマンなどのナス科に広く応用できる（p.15、23参照）。

栽培プロセス

【**品種選び**】ナスの品種は選ばないが、接ぎ木苗よりも病気に弱い自根苗にニラの混植は効果的。ニラは購入苗か、前年の9月中旬〜10月中旬に種まきして大きく育てたものを利用するとよい。

【**土づくり**】植えつけの3週間前に完熟堆肥とぼかし肥を施して耕し、畝立てを行う。

【**植えつけ**】4月下旬〜5月下旬にナスの根鉢に接触するようにニラを置いて、同時に植えつける。

【**マルチの利用**】ナスは乾燥を嫌うので保湿を目的にマルチを行うとよい。生育初期に地温が上がると生長もよくなる。保湿には敷きわらをマルチ代わりに利用してもよい。

【**追肥**】ナスの生育のために、半月に1回を目安に畝の表面全体にぼかし肥を1握り施す。

【**収穫**】ナスは実った果実を順次収穫。ニラは伸びてきたら、株元5cm程度を残して刈って収穫する。放置していると秋に花が咲くが、花茎が伸びてきたら早めに刈り取る。随時収穫していると一年を通じてやわらかい葉が食べられる。

ポイント

ニラは分けつしながらふえる。ナスを整理したあと、畝をほかの野菜の栽培に使う場合はニラを別の場所に移植しておくとよい。翌年も利用できる。

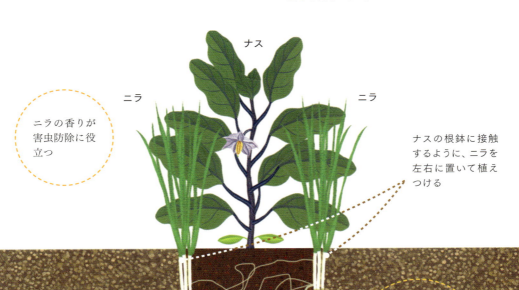

ニラの香りが害虫防除に役立つ

ナスの根鉢に接触するように、ニラを左右に置いて植えつける

植え穴はナスの根鉢とほぼ同じ大きさにあける

地下部ではニラに共生する拮抗菌の分泌する抗生物質がナスの病原菌を減らす

ピーマン ✕ ナスタチウム

害虫忌避

バンカープランツとして天敵を呼び寄せ、ふやす

　ナスタチウムは和名でキンレンカと呼ばれる一年草で、おもに花壇や鉢花として栽培されています。肥沃な場所で栽培すれば、特に手をかけなくてもよく育ち、真夏の暑い時期を除いて5〜10月まで、長期にわたって花を咲かせます。花や葉にはやや辛みや酸味があり、ハーブやエディブルフラワーとして利用することもできます。

　これをピーマンのバンカープランツ（おとり作物）として利用します。ピーマンの畝の肩などに混植するか、通路や畝の周囲などにまとめて植えて栽培します。香りがアブラムシを忌避するほか、葉や茎につくハダニやスリップス（アザミウマ）などを求めて天敵がやってきてふえます。その結果、ピーマンの害虫被害が少なくなります。

応用：ピーマンに近い仲間のシシトウ、トウガラシのほか、ナスと混植しても効果大。

栽培プロセス

【品種選び】 ピーマンもナスタチウムも種類は特に選ばない。ナスタチウムは園芸店で苗を購入できるほか、3月中旬〜4月下旬に種をまいて苗を準備することもできる。

【土づくり】 植えつけの3週間前に完熟堆肥とぼかし肥を施して耕し、畝立てを行う。

【植えつけ】 4月下旬〜5月下旬にピーマンを植えつけるときに合わせてナスタチウムも植える。畝の肩の近くか、通路や畝の周囲などに植える。

【追肥】 ピーマンには半月に1回を目安に畝の表面全体にぼかし肥を1握りを施す。畑が肥沃であれば、ナスタチウムは特に必要ない。

【敷きわら】 ピーマンは比較的根が浅く、乾燥や高温で傷みやすいので、敷きわらを行い、保湿と夏場の温度上昇を抑制するとよい。

【収穫】 ピーマンは実った果実を順次収穫。ナスタチウムの花や葉は必要に応じて少しずつ摘み取ってサラダなどに。種もピクルスなどに加工できる。

ポイント

ナスタチウムは先端を摘みながら草丈を低く育てるとマルチ代わりになる。真夏の暑さは苦手だが、7月下旬に大きく刈り込むと蒸れにくい。ピーマンの日陰で育てると夏越しが楽。

ナスタチウムにはハダニやスリップスなどがつくが、同時に天敵も呼び寄せ、ピーマンの害虫も退治してくれる

ナスタチウムの香りが害虫防除に役立つ

摘心して草丈を低く育てるとマルチ代わりになる

ナスタチウムはバンカープランツとして畝の周囲にまとめて植えてもよい。株間は20cm以上。水はけのよい場所のほうがよく育つ

ピーマンの畝の肩の近くに植えつける。ナスタチウムは直根性でピーマンとほとんど競合しない

ピーマン ✕ ニラ

病気予防　害虫忌避

ニラの根につく微生物の働きで
ピーマンの土壌病害を防ぐ

　ピーマンの代表的な土壌病害の一つに挙げられるのが疫病です。茎や葉に暗褐色の病斑が見つかるようになると、この病気が疑われます。ひどくなると茎や葉がしおれて、枯死してしまうこともあります。原因は土壌中の病原菌で、ナス科の連作によって発生しやすくなります。

　トマトやナスと同様に、ピーマンの場合もニラを混植すると、根に共生するバークホーデリア・グラジオリーという細菌（拮抗菌）が分泌する抗生物質の働きによって、土壌中の病原菌を減らすことができます。

　ピーマンはトマトやナスよりも根が比較的浅く広がりますが、やはり深根タイプのニラを用いるとよいでしょう。ピーマンとニラの根が接触するように植えつけるのがコツです。

応用：ニラとの混植は、ピーマンに近いシシトウ、トウガラシのほか、トマトやナスなどのナス科に広く応用できる（p.15、21参照）。

栽培プロセス

【品種選び】ピーマンは接ぎ木苗が出回っているが、ニラの混植は病気に弱い自根苗に効果的。ニラは購入苗か、前年の9月中旬〜10月中旬に種まきして大きく育てたものを利用する。

【土づくり】植えつけの3週間前に完熟堆肥とぼかし肥を施して耕し、畝立てを行う。

【植えつけ】4月下旬〜5月下旬にピーマンの根鉢に接触するようにニラを置いて、同時に植えつける。

【追肥】ピーマンの生育のために、半月に1回を目安に畝の表面全体にぼかし肥を1握り施す。ニラのための肥料は特に考えなくてもよい。

【敷きわら】ピーマンは比較的根が浅く、乾燥や高温で傷みやすいので、敷きわらを行い、保湿と夏場の温度上昇を抑制するとよい。

【収穫】ピーマンは実った果実を順次収穫。ニラは伸びてきたら、株元5cm程度を残して刈って収穫する。放置していると秋に花が咲くが、花茎が伸びてきたら早めに刈り取る。随時収穫していると一年を通じてやわらかい葉が食べられる。

ポイント
ニラは分げつしながらふえる。ピーマンを整理したあと、畝をほかの野菜の栽培に使う場合はニラを別の場所に移植しておくとよい。翌年も利用できる。

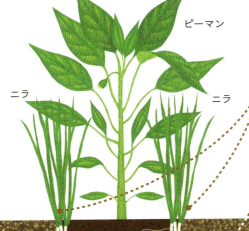

ピーマン

ピーマンの根鉢に接触するように、ニラを左右に置いて植えつける

ニラ　　ニラ

植え穴はピーマンの根鉢とほぼ同じ大きさにあける

ニラの香りが害虫防除に役立つ

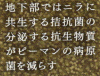

ピーマンの根は比較的浅く広がるが、ニラを株元に植えていると効果が高い

地下部ではニラに共生する拮抗菌の分泌する抗生物質がピーマンの病原菌を減らす

キュウリ X ナガイモ

 空間利用 生育促進

相手の苦手な肥料分を利用し合い、どちらもよく育つ

　ナガイモをキュウリの畝に植えつけると、キュウリの支柱やネットにつるを絡ませながら、元気よく育ちます。

　生の有機物は分解すると、まずアンモニア態窒素になります。さらにアンモニア態窒素は土の中の微生物の働きによって徐々に硝酸態窒素に変化していきます。ナガイモが養分として好むのはアンモニア態窒素。硝酸態窒素を多く吸収してしまうとイモのビタミンCが少なくなってしまいます。一方、キュウリは生の有機物やアンモニア態窒素が苦手で、硝酸態窒素を好みます。このようにキュウリとナガイモは、相手の苦手な養分の種類を好んで吸収し利用するため、互いの生長がよくなります。

栽培プロセス

【品種選び】キュウリの品種は特に選ばないが、接ぎ木苗を利用するとより強健に育つ。ナガイモは長形品種を選ぶとよい。

【土づくり】植えつけの3週間前に完熟堆肥とぼかし肥を施して耕し、畝立てを行う。

【植えつけ】4月下旬〜5月下旬にキュウリとナガイモを同時に植えつける。

【敷きわら】キュウリもナガイモも乾燥や高温が苦手。植えつけ後、畝の上に敷きわらを行う。

【追肥】キュウリの生育のために、3週間に1回を目安にぼかし肥を1握り施し、軽く土に混ぜ込む。根が地表近くに張るので根を傷めないように、生長の段階に合わせて株元→畝の背→通路などのように施す場所を変えていく。ナガイモは低栄養で育つので特に施さない。

【収穫】キュウリは実った果実を順次収穫。キュウリの葉が枯れてきたら、株元で切って株を処分する。ナガイモは収穫期の11月まで栽培を続ける。

ポイント

ナガイモはつるを支柱やネットに誘引する。つるを上に誘引するとイモの肥大がよくなる。横に這わせるとむかごが多くついて、イモが大きくならない。

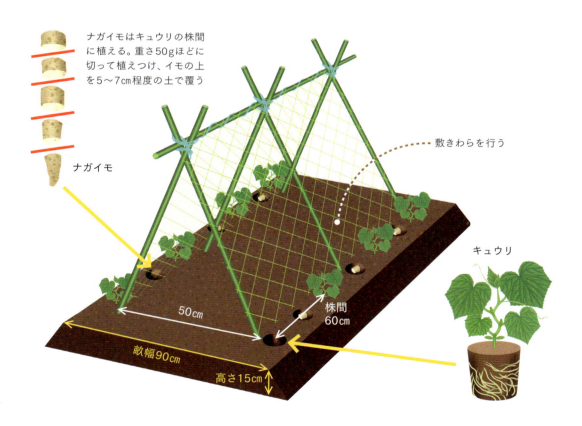

こんな効果が

資材が有効に使える

キュウリの支柱やネットを利用して、ナガイモも育てられる

管理が同時に行える

敷きわら、誘引などの管理を共通して行えるので、手間がかからない

苦手な養分を互いに取り除く

どちらも浅根タイプで根域はほぼ同じ。キュウリは硝酸態窒素を好んで吸収。生の有機物、未熟な堆肥が苦手で、根が枯れることもある。ナガイモはアンモニア態窒素を好んで吸収。硝酸態窒素が多いと品質が悪くなる

キュウリ × 長ネギ

病気予防

古くから知られた
伝承農法で連作障害を防ぐ

　栃木県では、古くからユウガオ（カンピョウの原料）の株元に長ネギを混植すると、つる割病などの病気がほとんど発生しないことが知られていました。科学的に分析したところ、長ネギの根に共生するバークホーデリア・グラジオリーという細菌が抗生物質を出し、土壌中の病原菌を減らすことがわかりました。また、ネギ属の混植がユウガオだけでなくキュウリなどのウリ科、さらにはナス科などにも効果があることが実証されました。

　キュウリは浅根タイプなので、深根タイプのニラではなく、同じ根域に根を広げる長ネギを混植します。

応用：長ネギとの混植はカボチャやメロンなど、ほかの浅根タイプのウリ科に広く応用できる（p.30、34参照）。長ネギの代わりに葉ネギやチャイブを用いてもよい。

栽培プロセス

【品種選び】キュウリ、長ネギともに品種はなんでもよい。キュウリは接ぎ木苗よりも病気に弱い自根苗が効果的。長ネギは購入苗か、3月上旬〜中旬に種まきをして育てたものか、前年から育てていたものを利用するとよい。

【土づくり】植えつけの3週間前に完熟堆肥とぼかし肥を施して耕し、畝立てを行う。

【植えつけ】4月下旬〜5月下旬にキュウリと長ネギを同時に植えつける。

【敷きわら】キュウリの根は乾燥や高温に弱いので、植えつけ後、畝の上に敷きわらを行う。

【追肥】キュウリの生育のために、3週間に1回を目安にぼかし肥を1握り施し、軽く土に混ぜ込む。根が地表近くに張るので根を傷めないように、生長の段階に合わせて株元→畝の背→通路などのように、施す場所を変えていく。長ネギには特に施さない。

【収穫】キュウリは実った果実を順次収穫。長ネギはキュウリが終わったら、植え替えて土寄せをしながら育て、晩秋以降に収穫する。

ポイント

生育初期に病気に感染させないことが大事。キュウリの根鉢に長ネギの根が接触するように植えつけて、予防効果を高める。

好んで利用する養分の種類が異なるため、競合が起こることはまずない

根は穴の底に広げておく

キュウリは根が地表近くに張り、乾燥に弱いので、敷きわらなどをして保湿する。泥はねを防ぐ効果もある

キュウリの根鉢に接触するように、長ネギを左右から植えつける

キュウリ × ムギ

 病気予防　 害虫忌避

ムギに天敵を呼び寄せて
キュウリの病害虫を防ぐ

　キュウリでよく発生する病気にうどんこ病があります。予防として、通路や畝にムギをまいて「リビングマルチ」として育てます。

　ムギにもうどんこ病が発生しますが、キュウリのうどんこ病の菌とは別の種類で互いに感染しません。ムギをおとりにしてうどんこ病菌に寄生して死滅させる「菌寄生菌」を呼び寄せ、ふやすことで、キュウリのうどんこ病の被害を大幅に減らします。

　また同様にムギにはアブラムシなどの害虫がやってきますが、これもキュウリにつくアブラムシとは別種。天敵のテントウムシやアブラバチのすみかとなり、キュウリにつくアブラムシなどの害虫を退治してくれます。

応用： キュウリ以外にもズッキーニ、カボチャ、スイカなどにも応用できる。ナスやピーマンなどの通路にムギをまいても害虫防除の効果大。

栽培プロセス

【品種選び】キュウリの品種は特に選ばないが、接ぎ木苗を利用するとより強健に育つ。ムギはエンバクなどを使ってもよいが、この時期にまくと穂をつけないオオムギが使いやすい。リビングマルチ用の品種も販売されている。

【土づくり】植えつけの3週間前に完熟堆肥とぼかし肥を施して耕し、畝立てを行う。

【植えつけ】5月中旬にキュウリを植えつけたあと、ムギの種を畝や通路にばらまく。鳥に食べられやすいので、レーキなどで軽く耕して種を埋めておく。

【追肥】キュウリの生育のために、3週間に1回を目安にぼかし肥1握りを施し、軽く土に混ぜ込む。根が地表近くに張るので根を傷めないように、生長の段階に合わせて株元→畝の背→通路などのように施す場所を変えていく。

【収穫】キュウリは実った果実を順次収穫。ムギは真夏になると暑さで枯れる。

ポイント

ムギは真夏になると暑さで枯れるが、処分しないで枯れ葉が地面を覆ったままマルチとして活用する。次作に移るときに葉や根をそのまま土に鋤き込んで耕すと緑肥になる。

カボチャ × トウモロコシ

空間利用　生育促進

横に広がる野菜と縦に伸びる野菜で空間を有効に使う

　カボチャはつるを横に伸ばし、栽培には広い面積を必要とします。またトウモロコシは風媒花のため、株数を多めにして受粉しやすくするのがふつうです。横に伸びるカボチャと縦に伸びるトウモロコシを組み合わせることで、同じ畝で栽培することができ、空間を有効活用できます。

　トウモロコシは暑さや乾燥に強く、日光を好む性質があります。カボチャは多少の日陰でもよく育ち、トウモロコシの根元を覆うように広がり、保湿や雑草の発生予防など、マルチとしての役割も果たします。

　また、トウモロコシはアンモニア態窒素、カボチャは硝酸態窒素を好んで吸収します。まずトウモロコシがアンモニア態窒素を利用し、アンモニア態窒素が分解してできる硝酸態窒素は適度に抑えられるため、カボチャのつるぼけが起こりません。

応用：トウモロコシとの混植は、カボチャの代わりにスイカやウリの仲間などに応用できる。

栽培プロセス

【品種選び】 カボチャ、トウモロコシともに品種は特に選ばない。

【苗の準備】 種から育苗するにはどちらも3〜4週間かかる。トウモロコシはポリポットに3粒まいて葉が2〜3枚のころに間引いて1株に。葉4枚まで育てる。カボチャはポリポットに1粒まき。本葉4〜5枚で植えつける。

【土づくり】 植えつけの3週間前に完熟堆肥とぼかし肥を施して耕し、畝立てを行う。

【植えつけ】 5月上旬〜下旬にトウモロコシとカボチャの苗を同時に植えつける。

【摘心】 カボチャは、子づるが2本伸びてきたら、親づるの先端を摘心する。

【追肥】 土が肥沃でない場合は1〜2回の追肥を行う。トウモロコシの周囲にぼかし肥を1握り施し、軽く土に混ぜ込む。カボチャには不要。

【収穫】 トウモロコシ（スイートコーン）は植えつけから60日程度で収穫。カボチャは雌花の開花から50日程度がとりごろ。

ポイント

カボチャは暖かいほうが育ちやすいが、トウモロコシは植えつけが遅いと害虫が発生しやすくなる。早めに植える場合はカボチャの株にはビニールであんどん囲いをして、朝晩の寒さや強風から守るとよい。

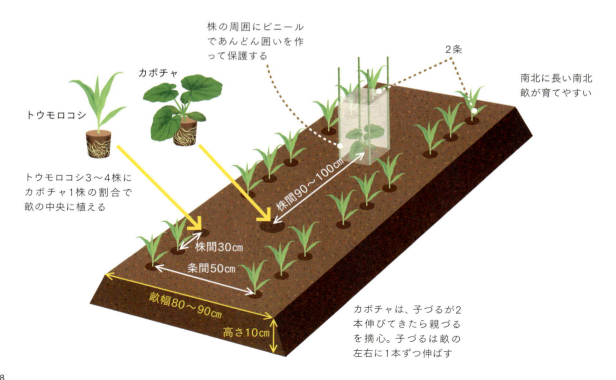

こんな効果が

トウモロコシの収穫が終わって少ししたら、カボチャが収穫できる。ほぼ同じ時期に整理できるので、次の作付けに移りやすい

同じ畝でもよく育つ

トウモロコシもカボチャも栽培には広い面積が必要。同じ畝で育てると空間を有効に使える

カボチャがマルチ代わりに

トウモロコシの株元をカボチャが覆い、保湿するほか、雑草が発生しにくくなる

カボチャがつるぼけしにくい

適度にトウモロコシが養分を吸収するため、肥料過多によるカボチャのつるぼけ（つるだけが伸びて実がつかない）が起こらない

カボチャ × 長ネギ

病気予防 生育促進

土壌病害の発生を防ぎ、良質の果実が収穫できる

　カボチャは比較的病気に強い野菜ですが、しばしば疫病や立枯病などの土壌病害が発生することがあります。これらの病気にかかると株が生長の途中で枯れてしまったり、収穫後に追熟中の果実が傷んで食べられなくなったりします。

　キュウリなどと同様に、苗の植えつけ時に長ネギを混植します。長ネギの根に共生する細菌が出す抗生物質により、病原菌が減り、発病が抑えられます。また、過剰な肥料分は長ネギが先に吸収するため、混植するとカボチャのつるぼけが起こりにくく、実つきがよくなります。

応用： 長ネギとの混植は、キュウリ、スイカ、メロンなどにも応用できる（p.26、32、34参照）。

栽培プロセス

【品種選び】 カボチャ、長ネギともに品種は特に選ばない。長ネギは購入苗か、3月上旬～中旬に種まきをして苗を育てる。前年から育てていたものを利用してもよい。

【土づくり】 植えつけの3週間前に完熟堆肥とぼかし肥を施して耕し、畝立てを行う。

【植えつけ】 5月上旬～下旬にカボチャと長ネギの苗を同時に植えつける。カボチャの株の周囲にビニールであんどん囲いを作り、朝晩の寒さや強風から守ると生育がよくなる。

【摘心】 子づるが2～3本伸びてきたら、親づるの先端を摘心する。

【追肥】 施さない。

【収穫】 カボチャは雌花の開花から50日程度がとりごろ。

ポイント

晩秋に収穫する「冬至カボチャ」の場合は、あらかじめ植えておいた長ネギのそばに、7月下旬、カボチャの種を直まきする。

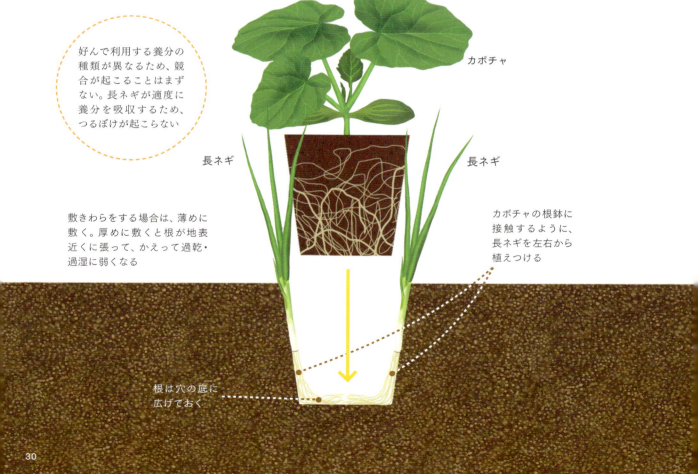

好んで利用する養分の種類が異なるため、競合が起こることはまずない。長ネギが適度に養分を吸収するため、つるぼけが起こらない

長ネギ　カボチャ　長ネギ

敷きわらをする場合は、薄めに敷く。厚めに敷くと根が地表近くに張って、かえって過乾・過湿に弱くなる

カボチャの根鉢に接触するように、長ネギを左右から植えつける

根は穴の底に広げておく

カボチャ ✕ オオムギ

生育促進　病気予防

オオムギに巻きひげを絡ませて株がしっかり育つ

　カボチャの果実を充実させるには、雌花がついた節（着果節）から先端に葉が10枚以上あるのが理想です。葉が15枚以上つくと、1本のつるで2果を育てることも可能です。

　葉を多くし、充実させるには、つるが伸びる先を順次、敷きわらで覆って保湿し、根が伸びやすくしてやることです。オオムギをいっしょに育てると、その面倒な敷きわらが不要になります。

　オオムギは春から初夏にまくと草丈が高くならず、地表を覆うように放射状に葉を広げます。土を保湿し、同時にほかの雑草の発生を抑制するため、カボチャの根がよく広がります。また、オオムギの葉にカボチャの巻きひげが絡んで株が安定し、つるがよく伸びて、葉の枚数も増え、結果としておいしい果実が収穫できます。

応用：オオムギとの混植は、スイカや地這いキュウリなどにも応用できる。オオムギの代わりにエンバク、白クローバーをまいてもよいが、夏場のエンバクは草丈が高くなりやすいので、随時踏みつけて寝かせる必要がある。メヒシバやオオバコなど自然に生える雑草を利用する「草生栽培」も一つの方法。

栽培プロセス

【**品種選び**】カボチャの品種は特に選ばない。オオムギはリビングマルチ用の品種も販売されている。

【**土づくり**】植えつけの3週間前に完熟堆肥とぼかし肥を施して耕し、畝立てを行う。

【**植えつけ、種まき**】5月上旬〜下旬にカボチャを植えつけたら、株の周囲にビニールであんどん囲いを作り、保護する。畝の上や通路などにオオムギの種をまく。レーキなどで土の表面をならして、種を軽く土で覆っておく。

【**摘心**】子づるが2〜3本伸びてきたら、親づるの先端を摘心する。

【**追肥**】施さない。

【**収穫**】カボチャは雌花の開花から50日程度がとりごろ。オオムギは真夏になると暑さで枯れる。

ポイント

冬至カボチャの場合は、真夏に枯れたオオムギの葉がマルチ代わりになる。カボチャの収穫後、枯れたオオムギを緑肥として鋤き込むとよい。

オオムギにはうどんこ病が発生するが、同時にうどんこ病菌を食べる「菌寄生菌」もふえて、カボチャのうどんこ病菌を退治する

カボチャ

株間90cm

畝幅80cm

高さ15cm

オオムギ

畝の上や通路にばらまき、レーキやクワで軽く土をかけて覆っておく。土の保湿に役立つほか、雑草の発生も防ぐ

スイカ ✕ 長ネギ

病気予防

長ネギの根につく拮抗菌が
病原菌を減らし、病気に強くする

　スイカもほかのウリ科野菜と同様に、つる割病がしばしば発生します。つるが水分や養分を運べなくなるために、葉がしおれ、ひどくなると枯死します。病原菌が土中に長く残っているので、病原菌数を減らすための対策をとります。

　スイカの植えつけ時にいっしょに長ネギを植え込むと、長ネギの根に共生する細菌が出す抗生物質により、病原菌が死滅し、スイカは病気にかかりにくくなります。スイカは直根が深く伸び、側根はあまり多くありません。長ネギは浅根タイプですが、病原菌は地表に近い浅い場所に多く、十分に病気予防に役立ちます。

応用：長ネギとの混植はキュウリ、カボチャ、メロン、ウリなどにも応用できる（p. 26、30、34参照）。

栽培プロセス

【品種選び】スイカ、長ネギともに品種は特に選ばない。長ネギは購入苗か、3月上旬〜中旬に種まきをして苗を育てる。前年から育てていたものを利用してもよい。

【土づくり】植えつけの3週間前に完熟堆肥とぼかし肥を施して耕し、鞍つきの畝を立てる。

【植えつけ】5月中旬〜下旬にスイカと長ネギの苗を同時に植えつける。スイカの株の周囲にビニールであんどん囲いを作り、朝晩の寒さや強風から守ると生育がよくなる。

【敷きわら】畝を全面、敷きわらで覆っておく。厚くしないで下の土が見える程度に。

【摘心】親づるは5〜6節で先端を切って（摘心）、子づるを3本伸ばす。大玉の場合、このうち2本に果実をつけさせる。残りの1本は「遊びづる」とすることで、根の水分を吸う力が強くなる。

【追肥】果実がこぶし大になったら、株元にぼかし肥を1握り施す。

【収穫】品種によって開花からの収穫日数が決まっているので、それにしたがって収穫する。果実を叩いてみてハリのある音がしたらとりごろ。

ポイント

生育初期に病気に感染させないことが大事。スイカの根鉢に長ネギの根が接触するように植えつけて、予防効果を高める。

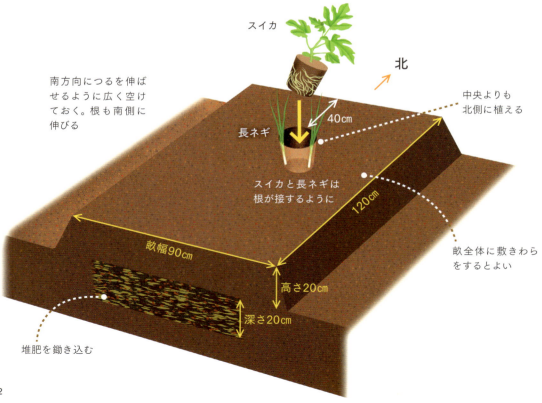

スイカ ✕ スベリヒユ

生育促進

深根タイプの雑草を生やして
スイカの根の働きを助ける

　スイカの原産地は熱帯アフリカの砂漠からサバンナ地帯です。乾燥した気候のため、直根をまっすぐ下に伸ばし、葉の蒸散作用で生まれる強い力でポンプのように、地中深くから水分を吸い上げます。

　スベリヒユは畑に生える代表的な夏の雑草ですが、取り除かずにそのまま育てます。スベリヒユの根もスイカと同じく直根性で、地中深くから水を吸い上げ、同時に土中の空気や水の通りもよくするため、スイカの根の働きの助けになります。その結果、スイカの株は旺盛に育ち、つるが伸びて葉が多くなり、光合成がしっかり行えるため、甘くてみずみずしい果実が収穫できます。

応用：スベリヒユとの混植は、チンゲンサイ、コマツナなどの栽培にも応用できる。

栽培プロセス

【品種選び】スイカの品種は特に選ばない。スベリヒユが生えないなら、路地などのスベリヒユから種を採ってまいてもよい。近縁で園芸種のハナスベリヒユ（ポーチュラカ）の種も利用できる。

【土づくり】植えつけの3週間前に完熟堆肥とぼかし肥を施して耕し、鞍つきの畝を立てる（p.32のイラスト参照）。

【植えつけ】5月中旬〜下旬にスイカを植えつける。

【摘心】親づるは5〜6節で先端を切って（摘心）、子づるを3本伸ばす。大玉の場合、このうち2本に果実をつけさせる。残りの1本は「遊びづる」とすることで、根の水分を吸う力が強くなる。

【追肥】果実がこぶし大になったら、株元にぼかし肥を1握り施す。

【収穫】p.32参照。スベリヒユはおひたしや和え物などで食べることもできる。東北地方などでは干して保存食にする。

ポイント

スベリヒユの発生が少ないときは、敷きわらをしたほうがよい。わらは地面が見える程度に薄に敷いて、なるべくスベリヒユの発生を促す。

こんな効果が

スイカ、長ネギ、スベリヒユはいっしょに植えてもよい

葉がよく茂り、スイカが甘くなる
スイカの根が深く伸びるとそれに合わせて地上部のつるもよく伸びる。葉が茂ると光合成がたっぷり行えて、果実が甘くなる

スイカの吸水を手助けする
スベリヒユも直根性。地表近くが乾いたときは水を吸い上げるため、スイカも水を吸いやすく、みずみずしい果実がとれる

マルチの代わりになる
スベリヒユは暑さや乾燥に強く、地表を覆うように広がるため、マルチ代わりになる

スイカの根が深く伸びる
スベリヒユの根が張るとその分、地中に空気が通りやすくなり、スイカの根が発達する。雨が多いときは水はけがよくなる

スイカ
長ネギ
スベリヒユ

メロン X 長ネギ

病気予防

長ネギの根につく拮抗菌で
つる割病などの病気を防ぐ

メロンはキュウリなど、ほかのウリ科と同様につる割病の発生しやすい果菜です。病気に強い接ぎ木苗も発売されていますが、自宅で種から育てた自根苗でも、長ネギを混植することで、病気の発生を防ぐことができます。長ネギの根に共生するバークホーデリア・グラジオリーという細菌が抗生物質を出し、つる割病菌などの病原菌を減らし、病気を予防します。メロンはつるを伸ばすにしたがって根を横に張る浅根タイプなので、同じ浅根タイプの長ネギを混植します。生産者の間でも行われて効果を上げている方法です。

応用：長ネギとの混植はキュウリ、カボチャ、ウリ類など、ほかの浅根タイプのウリ科に広く応用できる（p.26、30、32参照）。長ネギの代わりにチャイブを用いてもよい。

栽培プロセス

【品種選び】 メロン、長ネギともに品種はなんでもよい。長ネギは購入苗か、3月上旬～中旬に種まきをして育てたものか、前年から育てていたものを利用するとよい。

【土づくり】 植えつけの3週間前に完熟堆肥とぼかし肥を施して耕し、畝立てを行う。

【植えつけ】 5月上旬～下旬にメロンと長ネギを同時に植えつける。

【敷きわら】 メロンの根は乾燥や高温に弱いので、植えつけ後、畝の上に敷きわらを行う。

【摘心】 親づるは5～6節で先端を切って（摘心）、子づるを2本伸ばす。

【追肥】 メロンの生育のために、3週間に1回を目安にぼかし肥を1握り施し、軽く土に混ぜ込む。つるの伸張に合わせて根も地表近くを張っていくので根を傷めないように、株元から離してつるの先端付近に施す。長ネギには特に施さない。

【収穫】 メロンは品種にもよるが、表面にすじが入ったり、メロン独特の香りが強くなったりしたら収穫。長ネギはメロンが終わったら、植え替えて土寄せをしながら育て、晩秋以降に収穫する。

ポイント

生育初期に病気に感染させないことが大事。メロンの根鉢に長ネギの根が接触するように植えつけて、予防効果を高める。

メロン

長ネギ　長ネギ

根が地表近くに張り、乾燥に弱いので、敷きわらなどをして保湿する。泥はねを防ぐ効果もある

好んで利用する養分の種類が異なるため、競合が起こることはまずない

メロンの根鉢に接触するように、長ネギを左右から植えつける。チャイブの場合は株が小さいので、数本まとめて植えてもよい

根は穴の底に広げておく

メロン X スズメノテッポウ

 生育促進 病気予防 害虫忌避

マルチ代わりに保湿になり、益虫や菌寄生菌もふえる

　スズメノテッポウはおもに秋から春にかけて田畑でよく見られるイネ科の雑草です。春になると急速に大きくなって、5〜6月には花穂をつけます。その後、真夏の暑さで枯れてしまいます。メロンの苗は5月上旬〜下旬に植えつけますが、畝や通路に生えているスズメノテッポウがあれば抜かずに利用します。花穂が伸び始めたら、草丈10cm程度で刈り取ると、花が咲かないため、老化せず、秋まで枯れずに葉が放射状に広がって地表を覆います。

　スズメノテッポウの葉にメロンのつるが巻きつきながら生長するほか、土の保湿や泥はね防止、ほかの雑草抑制などに役立ち、メロンがよく育ちます。またスズメノテッポウは益虫やうどんこ病菌に寄生する「菌寄生菌」のすみかとなり、メロンの病害虫が抑えられます。

応用：カボチャ、ウリなどに応用できる。

栽培プロセス

【品種選び】メロンの品種は特に選ばない。
【土づくり】畝は晩秋に立てておくとスズメノテッポウが生えやすい。植えつけの3週間前に植え場所の周囲に完熟堆肥とぼかし肥を施してよく混ぜておく。
【刈り込み】スズメノテッポウが花穂をつけないように、草丈10cm程度で刈って、随時短くしておく。
【植えつけ】5月上旬〜下旬にメロンを植えつける。
【追肥】p.34参照。
【収穫】メロンは品種にもよるが、表面にすじが入ったり、メロン独特の香りが強くなったりしたら収穫。スズメノテッポウは秋には枯れる。

ポイント

スズメノテッポウはもともと水田だった畑に多く生える。生えてこない場合は、メロンの苗の植えつけ時にマルチムギの種をまいて育ててもよい。

こんな効果が

つるが安定して生育がよくなる
つるが葉に巻きついて、よく伸びる。その結果、葉の枚数が増えて、光合成がよく行えるため、おいしいメロンがとれる

病害虫の発生を抑える
益虫や菌寄生菌のすみかとなり、メロンの被害を抑える

雑草がマルチ代わりに
花穂を刈ると葉がロゼット状（放射状）に広がって、地表を覆う

スズメノテッポウ — 花穂が伸びてきたら、草丈10cmぐらいで刈っておく

メロン　株間70cm　畝幅60cm　高さ10〜20cm

35

草生栽培のすすめ
生やしておくとよい雑草

野菜づくりにおいて、雑草は取り除くべきものと思われがちですが、
作物の育ちがよくなったり、連作障害や病害虫の予防になるものもあります。
ここでは、残して生やしておくとよい雑草を紹介します。

コンパニオンプランツとして
雑草を活用する

　江戸時代の農書に「上農は草を見ずして草を取る。中農は草を見てから草を刈り、下農は草を見て草を取らず」とあるように、昔から田畑には作物以外の草は1本も生えていないのが理想とされてきました。その理由としては、雑草が野菜に必要な土の中の養分を吸ってしまうから、あるいは茂った草が害虫のすみかになるからという考えがあったと思われます。

　しかし、野菜ももともとは野の草で、原産地ではほかの植物と共存しながら生きています。ゆえに、雑草を一種のコンパニオンプランツと考えて、野菜の生育に役立てることも可能です。

　例えば、キャベツを長年にわたって連作で育てていると、自然にハコベ、ヨメナなどの雑草がふえて地表を覆うようになり、キャベツが安定して育つ環境になります。カボチャはつるから伸びる巻きひげをメヒシバなどの夏の雑草に絡ませてつるを固定させ、よく生長します。スイカは夏の雑草のスベリヒユを取らずに残すと、スベリヒユの根が深く伸びて、地中から水分を吸い上げやすくなり、よりみずみずしいスイカが育つようになります。

連作障害対策や
病害虫の防除にも役立つ

　エンドウは連作すると根から分泌される生育阻害物質が何年も土中に残り、生育が極端に悪くなります（真性忌地現象）。しかし、除草を行わず、草を適度に生かしながら栽培する「草生栽培」を行うと不思議なことに連作障害は起こらなくなります。

　また、雑草と野菜に共通する害虫は限られています。むしろ雑草は、そこについた害虫が天敵を呼び寄せ、すみかになることで、野菜の害虫を抑えるバンカープランツ（おとり作物）の役割も果たします。

　同様に、病気予防に役立つ場合もあります。うどんこ病菌は種や品種によって種類が異なり、雑草のうどんこ病が野菜に感染することはありません。逆に雑草を残すことで、雑草のうどんこ病菌に寄生して死滅させるアンペロマイセス菌を増殖させ、トマト、カボチャ、メロン、ズッキーニなどのうどんこ病を抑制することもできます。

草生栽培の例

キャベツ×ハコベ
キャベツの周囲の地表をハコベが覆い、保温、保湿に役立つ。キャベツを長年連作することで生まれる一種の「極相」の状態

コマツナ×シロザ
シロザはアカザ科で科が異なるため、アブラナ科のコマツナの虫よけにもなる

トマト×ヨモギ
トマトのわきの通路にヨモギが群生。アブラムシ、ハダニ、スリップスの天敵をふやすバンカープランツとして活用

シロツメクサ
白クローバーとも呼ばれる。ほふく茎で伸びて、地表を覆う。マメ科なので、土は徐々に肥沃になる。うどんこ病が発生しやすく、菌寄生菌のすみかになり、ウリ科などのうどんこ病防除になる

ナズナ
アブラナ科で春の七草の一つ。別名ペンペングサで、荒れ地に生えるイメージがあるが、実際は弱酸性の比較的肥沃な畑でよく繁茂する。根圏微生物の働きで有機物の分解が促進される

スズメノテッポウ
春の畑や田んぼの酸性の土を好んで生えるイネ科の雑草。メロンの周囲に生やして、つるを絡ませながら育てる草生栽培が行われている

アカザ、シロザ
ホウレンソウなどと同じアカザ科（別の分類ではヒユ科）で、昔は食用もされていた。春から秋にかけてよく見られる。深根タイプで群生するのでカバープランツ代わりに利用できる。写真はアカザ

ハコベ
ナデシコ科。肥沃な畑でよく見られる草で、弱酸性の土でよく生え、地表を覆う。キャベツ、ブロッコリーなどのアブラナ科野菜と相性がよい。春の七草の一つ

ヨモギ
キク科。地下茎で広がり群生し、ほかの雑草を抑制する。独特の香りと苦みがあり、草餅の材料やおひたしなどで食用される。害虫よけになるほか、アブラムシ、ハダニ、スリップスの天敵をふやす

ホトケノザ
シソ科。秋から春にハコベと並んで生えているのがよく見られる。立春を越えると株立ちし、かわいい花を咲かせる。キャベツなど越冬野菜との草生栽培で活躍する

スベリヒユ
スベリヒユ科。地域や国によっては食用される。多肉質の葉を広げ、地表を覆い、保湿するほか、根を深く伸ばし、空気や水分の通りをよくする。近縁種にハナスベリヒユがあり、観賞用に育てられている

カタバミ
カタバミ科。ほふく茎で育つ。花後に果実をつけ、種を遠くへ飛ばしてふえる。ハダニの天敵をふやす。沖縄ではゴーヤーの草生栽培に近縁種のムラサキカタバミが、ヤンバルハコベとともに活用されている

オオバコ
オオバコ科。道ばたなど荒れ地でよく見られる。踏みつけられても丈夫で再生する。うどんこ病が発生しやすく、菌寄生菌がふえるので、ブドウの棚下などで育てると、ブドウのうどんこ病を抑えられる

トウモロコシ X つるありインゲン

 生育促進 空間利用 害虫忌避

トウモロコシの茎に絡みつきながらよく育ち、虫よけにもなる

　トウモロコシとつるありインゲンの混植は、昔からアメリカの先住民の間で行われてきた栽培技術です。日本でも古くから西日本の山間部などを中心にトウモロコシ（硬粒種）とつるありインゲンやハッショウマメ（ムクナ）との混植が行われてきました。

　最大のメリットは畑の有効利用です。植えつけたトウモロコシの株間にインゲンの種をまくと、インゲンは発芽後、トウモロコシの茎を支柱代わりに絡みついて伸びていきます。トウモロコシはよく肥料を吸収しますが、マメ科のインゲンは根に根粒菌が共生し、空気中の窒素を固定して肥料分に変え、土壌を肥沃にするため、トウモロコシの生育促進にもなります。

　また、トウモロコシにはアワノメイガ、インゲンにはその近縁のフキノメイガが害虫としてつきますが、混植するとどちらの被害も抑えられることが知られています。

応用：つるありインゲンの代わりにハッショウマメ（ムクナ）、秋どりのエンドウなどを植えてもよい。

栽培プロセス

【品種選び】トウモロコシは基本的にスイートコーンの品種を選ぶ。つるありインゲンは丸莢、平莢など、どのタイプでもよい。各地に伝わる地方品種を用いるのも楽しい。

【苗の準備】トウモロコシはポリポットに3粒まいて、葉が2～3枚のころに間引いて1株に。葉4枚まで育てる。植えつけまでに3～4週間かかる。

【土づくり】植えつけの3週間前に完熟堆肥とぼかし肥を施して耕し、畝立てを行う。

【植えつけ、種まき】植えつけの適期は4月中旬～5月中旬。トウモロコシの苗を植え終わったら、直後かしばらく日をおいて、株間につるありインゲンの種を3粒ずつまく。7月下旬～8月上旬に種をまいて育てた苗で行うトウモロコシの抑制栽培でも同様につるありインゲンを混植できる。

【追肥】基本的に必要ない。肥料を施しすぎるとつるありインゲンが繁茂しすぎて、莢がつかなくなる。

【土寄せ】トウモロコシは株元に枝根が出てきたら、土寄せを行う。

【収穫】トウモロコシの収穫は植えつけから60～70日後。つるありインゲンもほぼ同時期に収穫が始まる。インゲンは若どりを心がければ、その後も長期間収穫できる。

ポイント

つるありインゲンの種を早くまいたり、肥料分を施しすぎたりすると、トウモロコシの光合成を妨げることがあるので、トウモロコシの植えつけの1～2週間後につるありインゲンの種をまいてもよい。

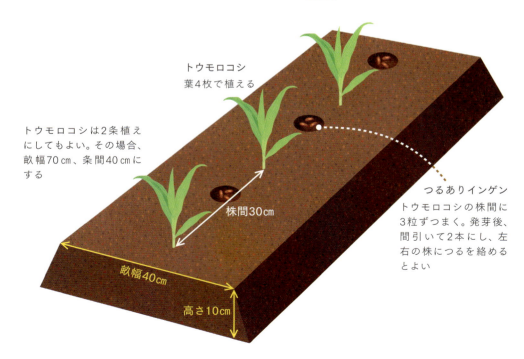

トウモロコシ　葉4枚で植える

トウモロコシは2条植えにしてもよい。その場合、畝幅70cm、条間40cmにする

株間30cm

畝幅40cm

高さ10cm

つるありインゲン　トウモロコシの株間に3粒ずつまく。発芽後、間引いて2本にし、左右の株につるを絡めるとよい

こんな効果が

トウモロコシの茎が支柱代わりに
つるありインゲンのつるがトウモロコシに絡みつきながら伸びる。トウモロコシの収穫後、つるありインゲンは秋まで収穫できる

害虫が飛来しにくい
トウモロコシを好むアワノメイガ、インゲンを好むフキノメイガともに忌避するので、害虫の被害が減る

根粒菌の働きで土が肥沃に
つるありインゲンの根につく根粒菌が空気中の窒素を固定。土が肥沃になり、トウモロコシがよく育つ

トウモロコシ ✕ アズキ

 生育促進　 害虫忌避

追肥が不要になり、トウモロコシの育ちがよくなる

　つるありインゲン(p.38)と同様に、トウモロコシとマメ科の組み合わせです。アズキの根には根粒菌がつき、空気中の窒素を取り込んで、土を肥沃にし、トウモロコシの生長がよくなります。やせた土地でなければ、トウモロコシの追肥も不要です。

　寒冷地では「夏アズキ」と呼ばれる4月下旬～5月下旬までの春まきが一般的ですが、中間地や温暖地では7月上旬～中旬の夏まきで育てる「秋アズキ」がメインです。トウモロコシの間作として春には極早生のエダマメ、秋にはアズキを育てる方法もあります。植え方はエダマメの場合と同様に、間作にします。

　トウモロコシにはアワノメイガ、アズキにはフキノメイガが害虫としてつきますが、科が異なり、それぞれの害虫を忌避するため、被害が抑えられます。

応用：アズキの代わりにエダマメでもよい(p.42参照)。

栽培プロセス

【品種選び】スイートコーン系であればトウモロコシの品種は特に選ばない。アズキは早生品種なら春まき(夏アズキ)、晩生品種なら夏まき(秋アズキ)を用いる。つるありの品種には向かない。

【苗の準備】トウモロコシはポリポットに3粒まいて葉が2～3枚のころに間引いて1株に。葉4枚まで育てる。植えつけまでに3～4週間かかる。

【土づくり】植えつけの3週間前に完熟堆肥とぼかし肥を施して耕し、畝立てを行う。

【植えつけ、種まき】春トウモロコシは4月下旬～5月上旬に植えつけ、同時にアズキの種を3粒ずつまく。秋トウモロコシは8月中旬～9月上旬の植えつけだが、アズキは先行させて7月上旬～中旬に直まきしておく。

【追肥】基本的に必要ない。土が肥沃でない場合は、トウモロコシに3週間に1回を目安にぼかし肥を1握り施してもよい。アズキは肥料分が多いとつるぼけを起こしやすい。

【土寄せ】トウモロコシは株元に枝根が出てきたら、土寄せを行う。アズキも数回、株元に土寄せをすると不定根が伸びて生育がよくなる。

【収穫】トウモロコシは植えつけから60～70日後。夏アズキは7月中旬～8月上旬、秋アズキは10月上旬～11月中旬に、葉が枯れ落ちて莢の多くが乾燥し熟したら収穫。

ポイント

アズキは完熟したマメを利用するため、栽培には120～140日程度かかる。タイミングを逃さないように栽培をスタートさせる。

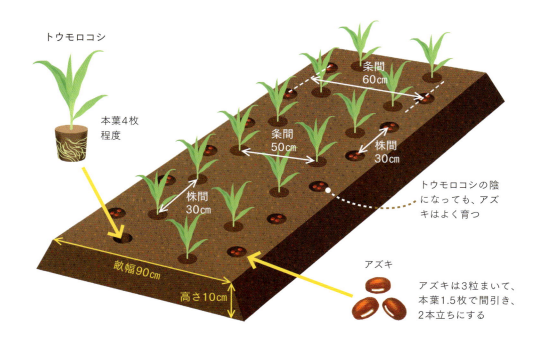

トウモロコシ × サトイモ

生育促進　空間利用

夏は日陰でサトイモが生育。秋はトウモロコシがよく育つ

　トウモロコシはこれ以上明るくなったら生長の速度が上がらなくなる「光飽和点」がなく、強い日光を浴びるほどよく育ちます。それに対して、サトイモは真夏の強い光は苦手で生育が鈍り、やや日陰のほうがよく育ちます。そこで草丈が高いトウモロコシの日陰を利用してサトイモを栽培します。

　春植えのトウモロコシは8月上旬ごろまでに収穫しますが、そのあとを耕して土づくりをしたあと、8月下旬～9月上旬に秋トウモロコシを育てることもできます。サトイモには共生菌がついて窒素固定を行い、周囲の土を肥沃にしますが、その効果がはっきりと現れてくるのは生育の後半。秋はサトイモの近くにトウモロコシを植えると、追肥を施さなくても、よく育ちます。

栽培プロセス

【品種選び】トウモロコシ、サトイモともに特に種類は選ばない。

【土づくり】植えつけの3週間前に完熟堆肥とぼかし肥を施して耕し、畝立てを行う。

【植えつけ】トウモロコシの植えつけの適期は4月下旬～5月下旬。サトイモは4月下旬～5月中旬に植えつける。

【追肥】土が肥沃でない場合は、トウモロコシに3週間に1回を目安にぼかし肥を1握り施す。

【土寄せ、敷きわら】トウモロコシは株元に枝根が出てきたら、土寄せを行う。サトイモは6月上旬と7月上旬ごろに土寄せを行ったあと、梅雨が明ける前までに敷きわらを行い、保湿する。

【収穫】トウモロコシ（スイートコーン）は植えつけから60～70日後。サトイモは初霜があたる前に収穫する。

ポイント

できればトウモロコシは東西畝にして、その陰となる北側でサトイモを育てる。トウモロコシを南北畝にするときは、より陰になりやすい片側にサトイモを植える。

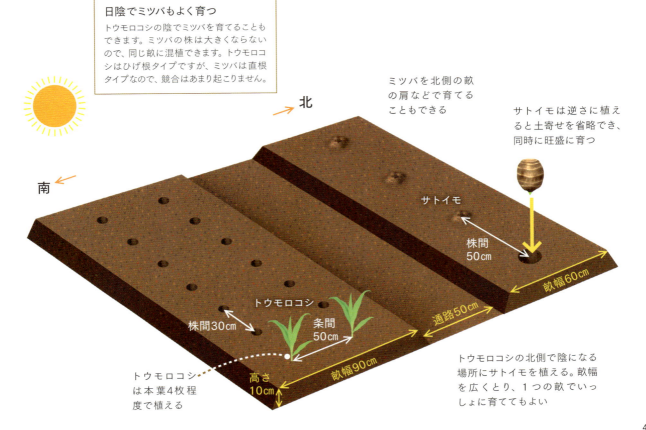

日陰でミツバもよく育つ
トウモロコシの陰でミツバを育てることもできます。ミツバの株は大きくならないので、同じ畝に混植できます。トウモロコシはひげ根タイプですが、ミツバは直根タイプなので、競合はあまり起こりません。

ミツバを北側の畝の肩などで育てることもできる

サトイモは逆さに植えると土寄せを省略でき、同時に旺盛に育つ

サトイモ　株間50cm　畝幅60cm

トウモロコシ　株間30cm　条間50cm　畝幅90cm　通路50cm　高さ10cm

トウモロコシは本葉4枚程度で植える

トウモロコシの北側で陰になる場所にサトイモを植える。畝幅を広くとり、1つの畝でいっしょに育ててもよい

エダメ × トウモロコシ

 生育促進 害虫忌避

トウモロコシの追肥が不要になり、育ちがよくなる

　エダマメとトウモロコシの組み合わせはすでに広く応用されているものです。エダマメの根には根粒菌がつき、空気中の窒素を取り込んで、土を肥沃にします。エダマメのそばでトウモロコシを育てると、発達したひげ根でこの肥料分を吸収して、よく生長します。

　また、エダマメの根には菌根菌が共生しやすく、リン酸やそのほかの微量成分（ミネラル）をトウモロコシに橋渡しします。菌根菌が根に共生するとエダマメには根粒菌がよくつくことも知られています。

　家庭菜園では2列植えのトウモロコシの条間か、両脇でエダマメを育てる方法があります。生産者の広い畑では、作業効率を考えて、それぞれ数列ずつ交互に育てる方法もとられています。

応用：エダマメの代わりにアズキ（p.40）などでもよい。

栽培プロセス

【品種選び】 エダマメは白豆や茶豆系の極早生〜早生種を用いるとよい。秋まきの場合も同様。黒豆系の晩生種は秋にまくと晩秋までに莢が太らない。トウモロコシはスイートコーン系であれば、品種は特に選ばない。

【苗の準備】 トウモロコシはポリポットに3粒まいて葉が2〜3枚のころに間引いて1株に。葉4枚まで育てる。植えつけまでに3〜4週間かかる。

【土づくり】 植えつけ、種まきの3週間前に完熟堆肥とぼかし肥を施して耕し、畝立てを行う。

【植えつけ、種まき】 トウモロコシの植えつけの適期は4月下旬〜5月下旬。同時にエダマメの種を3粒ずつ直まきし、本葉1.5枚（初生葉は含まない）のときに間引きをして2本立ちに。

【追肥】 基本的に必要ない。

【土寄せ】 トウモロコシは株元に枝根が出てきたら、土寄せを行う。エダマメにも数回、株元に土寄せをすると不定根が伸びて生育がよくなる。

【収穫】 トウモロコシ（スイートコーン）は植えつけから60〜70日後、エダマメは種まきから80〜90日程度で収穫。

ポイント

エダマメは発芽時に鳥害を受けやすいので、あらかじめネットや不織布で覆っておくと安心。

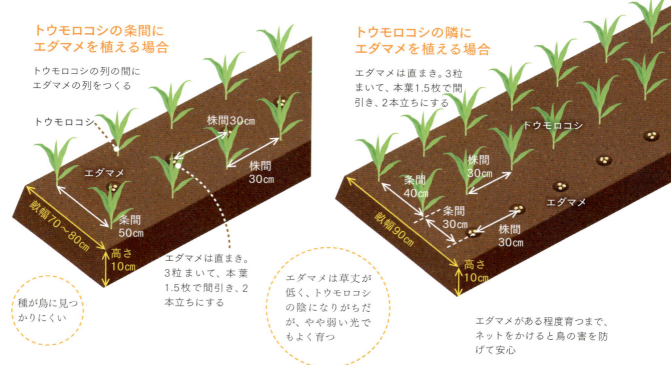

こんな効果が

互いの害虫を忌避できる

科が異なるため、トウモロコシにつくアワノメイガ、エダマメにつくシロイチモジマダラメイガが寄りつきにくい

バンカープランツになる

互いの害虫に対する天敵のすみかとなり、被害が抑えられる

土が肥沃になる

エダマメの根につく根粒菌が土を肥沃にし、トウモロコシがよく育つ

菌根菌のネットワークが発達

菌根菌はエダマメにもトウモロコシにもつきやすく、菌根菌のネットワークを介して、互いに養分のやりとりができる

エダマメ X サニーレタス

害虫忌避　生育促進

葉で地表を覆って畝を保湿。エダマメの莢のつきがよくなる

　エダマメは混植、間作で多くの野菜といっしょに育てられます。葉菜類ではコマツナ、ホウレンソウなど、ほとんどの種類と相性がよく、エダマメに共生する根粒菌の働きで土が肥沃になるので、いずれも生育促進につながります。

　サニーレタスはエダマメの株間や畝の肩などに植えつけるとよいでしょう。多少の日陰でもよく育ちます。サニーレタスはキク科でエダマメにつく害虫を忌避し、被害が少なくなります。また、エダマメの莢を確実につけ、収量を増やすには、開花期に水切れをさせないことが大切ですが、サニーレタスをいっしょに育てると葉が広がって、畝の保湿に役立ちます。

応用： エダマメの代わりにつるなしインゲンなどでもよい。

栽培プロセス

【品種選び】 エダマメの品種は特に選ばない。葉の赤いサニーレタスは色による害虫よけの効果も期待できる。

【土づくり】 植えつけの3週間前に畝立てを行う。やせた畑では畝立て時に完熟堆肥と籾殻くん炭を施し、よく混ぜておく。

【種まき、植えつけ】 エダマメはp.45を参照。サニーレタスはポリポットなどに用土を入れて、水で湿らせた種をばらまき、ごく薄く用土をかける。苗ができるまで3週間程度かかる。エダマメの植えつけと同時か、少し遅れて植えつける。エダマメを直まきするときも同様。

【追肥】 基本的に必要ない。

【土寄せ】 エダマメには数回、株元に土寄せをすると不定根が伸びて生育がよくなる。

【収穫】 エダマメは莢の中でマメが膨らんできたら収穫。サニーレタスは大きく育った外葉から摘んで収穫できる。株を丸ごと収穫してもよい。

ポイント

エダマメは極早生なら種まきから収穫まで80日程度かかる。サニーレタスは、苗の植えつけから30〜40日程度で収穫できる。栽培の後半に混植の効果が大きくなるので、サニーレタスはエダマメの土寄せが終わるまでに植えつければよい。

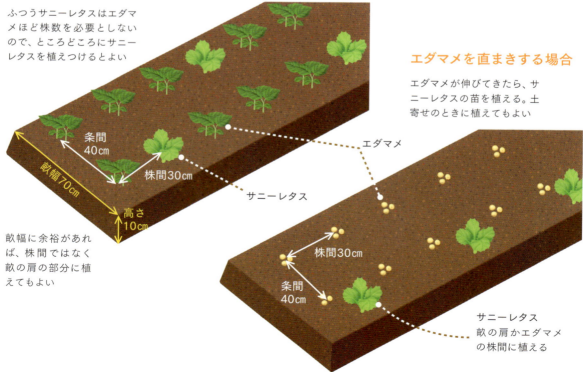

エダマメの苗を植える場合
ふつうサニーレタスはエダマメほど株数を必要としないので、ところどころにサニーレタスを植えつけるとよい

条間40cm／株間30cm／畝幅70cm／高さ10cm／サニーレタス
畝幅に余裕があれば、株間ではなく畝の肩の部分に植えてもよい

エダマメを直まきする場合
エダマメが伸びてきたら、サニーレタスの苗を植える。土寄せのときに植えてもよい

エダマメ／株間30cm／条間40cm／サニーレタス　畝の肩かエダマメの株間に植える

エダマメ ✕ ミント

害虫忌避

ハーブの独特の香りで
カメムシを寄せつけない

　エダマメで悩ましい害虫と言えば、ホソヘリカメムシを始めとするカメムシの仲間でしょう。莢から汁を吸い、マメが傷んだり、つかなくなったりします。気温が高くなってから多く発生するため、ビールのおいしいころに収穫する夏場のエダマメが特に被害を受けがちです。

　ミントを近くで育てるとカメムシが嫌がって飛来することが少なくなります。混植や間作で活用したいところですが、ミントは多年草で、地上部が枯れても根が残っていると翌年も生えてきます。畑で一度はびこると管理が難しくなるので、ミントは鉢やプランターに植えた状態でエダマメの近くに置くとよいでしょう。ミントを直植えしたい場合は、畑の周囲に縁取りとして栽培すると虫よけの効果があります。

応用：エダマメの代わりに、つるなしインゲン、つるなしササゲ、アズキなどのカメムシの被害に遭いやすいマメ科の野菜に応用できる。

栽培プロセス

【品種選び】エダマメの品種は特に選ばない。ミントは中でも特に香りの強いペパーミント、ペニーロイヤルミント（メグサハッカ）などがおすすめ。

【土づくり】やせた畑の場合は植えつけの3週間前に完熟堆肥とぼかし肥を施して耕し、畝立てを行う。

【種まき、植えつけ】エダマメは直まきなら3粒をまき、間引きをして2本立ちに。苗をつくるならポリポットに3粒をまき、発芽したら間引いて2本立ちに。本葉1.5枚で植えつける。植えつけまで約3週間かかる。ミントは市販苗をプラスチック鉢かプランターに植えておく。3月中旬〜下旬にまくと種からも育てられる。

【追肥】基本的に必要ない。前年から育てている鉢植えのミントは肥料分が不足するので、ぼかし肥などを随時施す。

【土寄せ】エダマメは数回、株元に土寄せをすると不定根が伸びて生育がよくなる。

【収穫】エダマメは莢の中でマメが膨らんできたら収穫。品種によって栽培日数が決まっているのでそれに従う。ミントは伸びてきたら先端から摘んで利用できる。

ポイント

ミントは鉢やプランターに植え、土に一部埋めておくと、水分が保たれて、水やりを頻繁に行う必要がない。エダマメの収穫が終わったら、別の場所に移動させて栽培。多年草なので翌年も利用できる。

こんな効果が

エダマメ

独特の香りで虫を避ける
特にカメムシやメイガなどの飛来が少なくなる

ミントは摘んでお茶などで楽しむ
茎が伸びてきたら、随時摘んで利用する。摘むと生育が促され、香りも強くなって、害虫忌避効果も高まる

ミント

エダマメの畝に1〜2mおきにミントを置く

ミントの鉢やプランターは小さな動かしやすいものが便利

半分程度埋めておくと乾きにくい

つるありインゲン ✕ ルッコラ

空間利用　害虫忌避　生育促進

インゲンの株元でもう1品。
香り高いハーブがとれる

　つるありインゲンは生長を始めるとつるを支柱やネットに絡ませながら、どんどん上へ生長します。株元にできる空間を利用してもう1品育てようというのが、この混植の目的です。ルッコラはアブラナ科の植物でハーブや野菜としてサラダなどでも利用されますが、野性味が強く、インゲンの株元で元気よく育ってくれます。

　インゲンの根につく根粒菌の働きで土が肥沃になり、ルッコラはよく育ちます。一方、ルッコラはインゲンの株元を覆い、マルチ代わりに保温、保湿、雑草防止などに役立ち、香りはインゲンの害虫忌避にもなります。ルッコラは3月上旬〜10月下旬までまけるので、収穫したあとに2度まきも可能です。秋インゲンの種まき時にも同時にまけます。

応用：ルッコラをエンドウの株元にまいて、混植してもよい。

栽培プロセス

【品種選び】つるありインゲンにはさまざまな品種がある。地元の地方品種を利用すると育てやすい。ルッコラは葉が円みを帯びた種類のほか、近縁で風味の強いセルバチコ種もある。

【土づくり】種まきの3週間前に畝立てを行う。肥沃な畑では元肥は施さなくてよい。やせた畑では畝立て時に完熟堆肥を施し、よく混ぜておく。

【種まき】つるありインゲンは1か所3粒の直まき。本葉1.5枚で間引いて1〜2本にする。ルッコラはインゲンと同時に種まき。

【追肥】基本的に施さない。

【収穫】つるありインゲンは莢の若どりを心がけると長期間にわたって収穫が続けられる。莢の中のマメを大きくしてしまうと、株の老化が進み、早く枯れてしまう。ルッコラは葉の枚数が増え、外葉が大きくなってきたらかき取って収穫する。間引き菜も利用できる。

ポイント

プランター栽培にも応用しやすい組み合わせ。つるありインゲンをグリーンカーテンに用い、プランターのあいたところでルッコラを育てる。

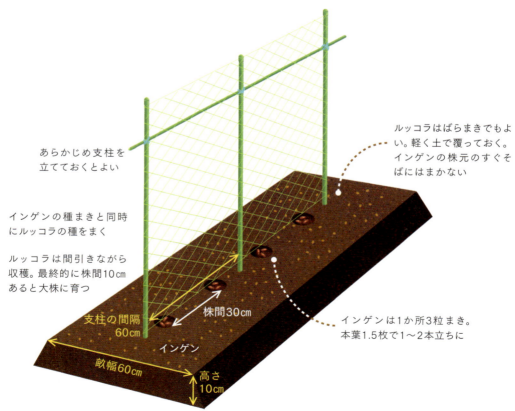

つるありインゲン ✕ ゴーヤー

 空間利用　 害虫忌避　 生育促進

誘引ネットを有効活用。
グリーンカーテンとしても最適

　つるありインゲンにゴーヤーという、どちらもつる性の野菜を組み合わせて、支柱や誘引ネットを有効活用する方法です。つるありインゲンはマメ科で、根に根粒菌が共生し、空気中の窒素を取り込んで、周囲の土も肥沃にします。ゴーヤーはその養分を利用しながらよく生育します。

　ゴーヤーはウリ科で独特の香りのためか、害虫はほとんどつきません。そのため、インゲンにもカメムシ、アブラムシ、アズキノメイガ（フキノメイガ）などの害虫がつきにくくなります。

　畑だけでなく、プランター植えにして、窓やベランダの前に置き、グリーンカーテンとしても楽しめます。

応用： インゲンの代わりに（つるあり）ササゲ、シカクマメなどが使える。ゴーヤーの代わりには、ヘチマやキュウリ、マクワウリなどでもよい。

栽培プロセス

【**品種選び**】つるありインゲン、ゴーヤーともに特に品種は選ばない。

【**土づくり**】植えつけの3週間前に畝立てを行う。土が肥沃でなければ、完熟堆肥などを施して、土づくりを行う。

【**種まき、植えつけ**】ゴーヤーはポリポットに2粒まき、本葉2枚で1株にする。本葉3～4枚で植えつけ。同時にインゲンの種をまく。1か所3粒まき。本葉1.5枚で間引いて1～2本に。種まき直後から間引きまでネットや寒冷紗などで覆って、鳥害を防ぐ。

【**追肥**】基本的に施さない。

【**収穫**】つるありインゲンは莢がかたくならないうちに早めに収穫を心がける。ゴーヤーは果実が肥大したら収穫。

ポイント

ウリ科もマメ科もネコブセンチュウの被害に遭いやすく、いっしょに栽培すると被害が拡大する。ネコブセンチュウの発生が見られる場所での混植は避ける。

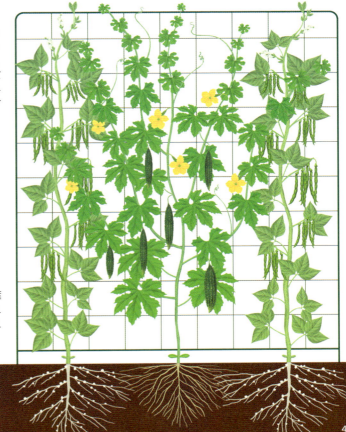

最初から支柱と誘引ネットを張っておく。つるありインゲンはほぼ垂直につるを伸ばし、ゴーヤーは斜めにつるを伸ばすため、互いのつるがうまく絡みながら伸びて、きれいなグリーンカーテンができあがる

インゲンは1か所に3粒まき。本葉1.5枚で1～2株立ちに

株間 20～30cm

ゴーヤーは本葉3～4枚で植えつける。深植えにしない

キャベツ ✕ サニーレタス

害虫忌避

レタス独特の香りで
アオムシなどの害虫の被害を防ぐ

　キャベツの害虫というと、真っ先に浮かぶのが、「アオムシ」と呼ばれるモンシロチョウやコナガの幼虫でしょう。アブラナ科のキャベツにキク科のサニーレタスを混植することで、アブラナ科に飛来して産卵するモンシロチョウやコナガを忌避します。玉レタスでも効果はありますが、モンシロチョウやコナガなどは赤色を嫌うので、サニーレタスのほうがより効果的です。もちろん、キャベツもサニーレタスにつくアブラムシなどの害虫の忌避に役立ちます。

　春植えの場合はキャベツとサニーレタスの植えつけは同時でかまいません。しかし、秋植えの場合、アオムシによる被害は生育初期の9〜10月が多いので、サニーレタスをキャベツよりも先に植えて大きく育てておきます。

応用：キャベツの代わりにブロッコリー、カリフラワーなど。サニーレタスの代わりにサンチュ、玉レタス、シュンギクなど。アブラナ科とキク科の野菜の組み合わせはほとんどの場合、害虫忌避の効果がある。

栽培プロセス

- 【品種選び】キャベツは品種を特に選ばない。リーフレタスの中でも赤い葉のサニーレタスがおすすめ。秋に利用する場合、サニーレタスは早めに種をまいて苗を育てるなど、苗を大きめに育てておくとよい。
- 【土づくり】植えつけの3週間前に完熟堆肥とぼかし肥を施して耕し、畝立てを行う。
- 【植えつけ】春植え夏どりなら4月中旬〜下旬に、秋植え冬どりなら9月上旬〜10月上旬までに植えつける。春どりは10月下旬に植えつけるが、この時期はアオムシの被害は少なく、混植の効果はあまりない。
- 【土寄せ、追肥】キャベツは植えつけ後、3週間ほどたったら、ぼかし肥を1握り施し、土寄せをする。結球が始まったら、再度ぼかし肥を1握り施す。
- 【収穫】キャベツは結球したら、頭の部分を押してみてかたくなっていたら収穫。サニーレタスは大きくなった外葉からかき取るか、株元で切って株ごと収穫する。

ポイント

サニーレタスは春植えの場合、外葉からかき取りながらなるべく長く混植を維持する。秋植えの場合は、気温が下がり害虫の被害が少なくなってきたら、株ごと収穫してもよい。

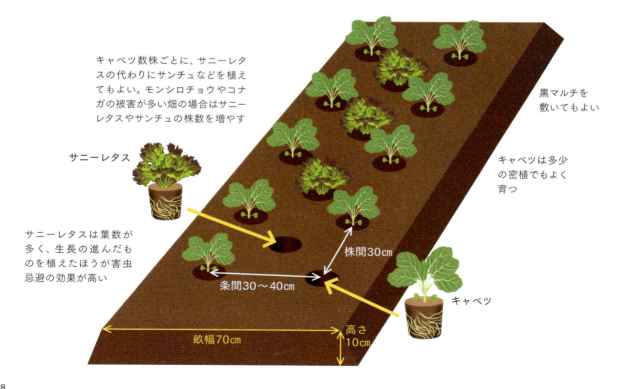

こんな効果が

互いの害虫を忌避
アブラナ科とキク科ではつくアブラムシが異なる。互いのアブラムシを忌避できる

害虫よけにはサルビアも効果的
モンシロチョウやコナガの赤色を忌避する性質を利用して、キャベツやブロッコリーなどと赤花のサルビアを混植します。サルビアはさまざまな種類の種が販売されていますが、サルビア・スプレンデンスを利用します。夏の暑さに強く、害虫の多い時期によく生育するため、重宝します。

モンシロチョウやコナガ、アブラムシは赤色を避ける傾向がある

キャベツにアオムシがつかない
サニーレタスのキク科独特の香りを避けて、モンシロチョウやコナガが寄りつかない

ともによく育つ
キャベツは共栄型で近くの野菜を排除せず、共存する

キャベツ ✕ ソラマメ

生育促進 害虫忌避 空間利用

キャベツをソラマメの寒風よけに。どちらもよく育つ

　ソラマメ栽培で多い失敗は、晩秋に畑に植えつけたものの、よく根づかないうちに寒風や霜にあたり苗が凍死してしまうというものです。防風ネットや葉のついたササの枝などで寒風よけをする方法がありますが、秋植え春どりのキャベツやブロッコリーなどを育てている場合は、混植すると寒さがしのげ、根をしっかりと張ることができます。ソラマメ栽培のスタートが遅れたときには特に効果的です。

　11月上旬～12月上旬にソラマメの苗をキャベツの株間に植えつけます。このときソラマメの根の先端を切って植えつけると根張りがよくなります。翌春になるとソラマメの根に共生する根粒菌によって土が肥沃になるため、キャベツの生育促進になります。また、ソラマメはアブラムシがつきやすい反面、テントウムシなどの天敵を呼び寄せるので、キャベツのアブラムシ防除になります。

応用：キャベツの代わりにブロッコリー、カリフラワー、ケールなどでもよい。ソラマメの代わりにエンドウも育てられる。

栽培プロセス

【品種選び】キャベツはトウ立ちしにくい秋植え春どり用の品種を選ぶ。ソラマメは特に品種は選ばない。

【土づくり】植えつけの3週間前に完熟堆肥とぼかし肥を施して耕し、畝立てを行う。

【植えつけ、種まき】秋植え春どりのキャベツの植えつけは10月下旬～11月上旬に。ソラマメは10月中旬～下旬に種まきをし、苗を準備。11月上旬～12月上旬にキャベツの株間か条間に植えつける。

【土寄せ】キャベツは植えつけ後、3週間程度で土寄せを行う。

【収穫】キャベツは、結球したら頭の部分を押してみてかたくなっていたら収穫。ソラマメは5月中旬～下旬に収穫。莢が下を向き、背の部分が褐色になったらとりどき。

ポイント

単にソラマメの寒風よけであれば、9月中旬～下旬に植えつける冬どりキャベツでも応用できる。キャベツは外葉を5枚程度残して収穫すると、ソラマメの寒風よけ、土の保湿になる。春になると残したキャベツからわき芽が出て、こぶし大のキャベツが2～3個収穫できる。

ソラマメ
本葉1.5枚で植えつける
根の先を切り、1/3程度の長さにする
根切り植えにすると側根がよく発達し、わき芽も多く伸び、収量が増加する

キャベツは2週間程度早く植えておくとよい
株間にソラマメを植える
株間30cm
株間30cm
キャベツ
畝幅40cm　高さ10cm
冬はヒヨドリよけに寒冷紗か不織布で覆うとよい

キャベツ × ハコベ、シロツメクサ

天然のマルチで秋から初夏まで キャベツの生育を助ける

　キャベツは近くで育つ多くの野菜や雑草と相性がよく、共栄型だと言えます。同じアブラナ科の結球野菜のハクサイが排除型で、周囲で野菜や雑草がほとんど育たないのとは対照的です。

　ハコベは秋から春に生える畑の雑草で、春の七草の一つで食用も可能です。ハコベが生える場所は土が肥沃で、キャベツも間違いなくよく育ちます。

　10月下旬ごろからハコベが一斉に芽を出し、畝や通路を覆いますが、そのままにしておきます。土に寒風が直接当たらず、保温、保湿されてキャベツがよく育ちます。冬の間も畑が使われることで微生物相が豊かになり、土も肥沃になります。

　春植え夏どりキャベツの場合は、シロツメクサ（白クローバー）を用います。やはり地表を覆うのでマルチ代わりになるほか、マメ科なので、土を肥沃にする効果もあります。また、益虫もふえて、キャベツにアブラムシなどの害虫がつきにくくなります。

応用： キャベツのほか、ブロッコリー、チンゲンサイ、ターツァイなどにも応用できる。

栽培プロセス

【品種選び】 春どりキャベツはトウ立ちしにくい品種を選ぶ。夏どり、冬どりの場合は、たいていの品種は育てられる。シロツメクサの種は修景用や緑肥用でも販売されている。

【土づくり】 植えつけの3週間前に完熟堆肥とぼかし肥を施して耕し、畝立てを行う。シロツメクサを利用する場合は11月に畝を立てて種をまく。土づくりは特に必要ない。

【植えつけ】 キャベツは本葉4～5枚で植えつける。株間40～50cmが一般的だが、30cmと密植ぎみにしてやや小ぶりのキャベツをたくさん収穫する方法もある。

【追肥、土寄せ】 キャベツは植えつけ後、3週間ほどたったら、ぼかし肥を1握り施し、土寄せをする。結球が始まったら、再度ぼかし肥を1握り施す。

【収穫】 キャベツは結球したら、頭の部分を押してみてかたくなっていたら収穫。

ポイント

最初のうちハコベが生えなければ、近くの畑などから移植するとよい。ハコベもシロツメクサも草丈が高くなったら、短く刈り込んでキャベツの葉に日をよく当てる。シロツメクサは一度はびこると除草しても根から再生し、管理が難しくなるので、育てる範囲を限定するなど、注意が必要。

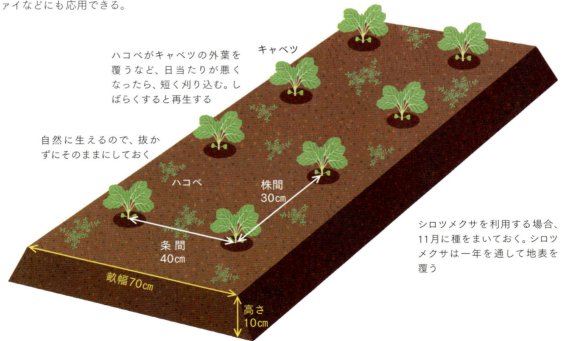

ハクサイ × エンバク

 病気予防 生育促進 害虫忌避

エンバクの根が出す抗菌物質で根こぶ病の発生を防ぐ

　ハクサイは外葉を大きく育て、葉の枚数を増やしていくと、秋の終わりには結球し、肉厚でどっしりと重い大きなハクサイが収穫できます。逆に生育初期に害虫に食害されたり、根こぶ病に感染したりすると、葉の枚数が十分増えないうちに気温が下がり、結球しないまま冬を迎えてしまいます。

　エンバクの混植は根こぶ病の発生を防ぐ効果があります。エンバクは根でアベナシン（サポニン）という抗菌物質を合成し、土壌病原菌に感染しないようにしています。ハクサイのそばでエンバクを育てると、このアベナシンによって根こぶ病菌などの土中の病原菌の密度が減り、ハクサイが健全に育ちます。また、エンバクは益虫のすみかになり、ハクサイの害虫を減らす効果もあります。

応用：ハクサイのほか、キャベツ、コマツナ、カブなどにも応用できる。

栽培プロセス

【品種選び】ハクサイは特に品種を選ばない。エンバクは野生種のほうが病気予防の効果が大きいとされるが、市販の緑肥用のものも利用できる。

【土づくり】植えつけの3週間前に完熟堆肥とぼかし肥を施して耕し、畝立てを行う。

【種まき、植えつけ】ハクサイは8月下旬までにポリポットなどに種をまき、育苗。苗の植えつけは9月中旬～下旬。エンバクはハクサイの植えつけと同時にまくか、畝を立てた直後の8月下旬～9月上旬にまいておくと効果的。

【追肥】外葉を大きく育てたいので、植えつけから3週間後に通路の片側に追肥して土寄せ。その2週間後に反対側にも追肥して土寄せ。さらにその3週間後に株の四隅に追肥する。分量はいずれもぼかし肥を1握り。

【収穫】ハクサイの頭を押さえてかたく締まっていたら、株元から切り取って収穫。

ポイント

エンバクは草丈が高くなり、ハクサイの日当たりが悪くなってきたら、株元10cm程度で刈り込むとよい。刈ったあとは畝や通路に敷いて、マルチ代わりにしてもよい。

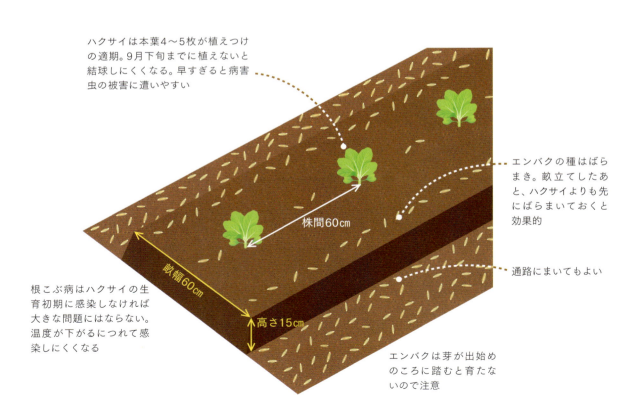

- ハクサイは本葉4～5枚が植えつけの適期。9月下旬までに植えないと結球しにくくなる。早すぎると病害虫の被害に遭いやすい
- エンバクの種はばらまき。畝立てしたあと、ハクサイよりも先にばらまいておくと効果的
- 通路にまいてもよい
- 根こぶ病はハクサイの生育初期に感染しなければ大きな問題にはならない。温度が下がるにつれて感染しにくくなる
- 株間60cm
- 畝幅60cm
- 高さ15cm
- エンバクは芽が出始めのころに踏むと育たないので注意

ハクサイ X ナスタチウム

害虫忌避

ナスタチウムが益虫をふやして
ハクサイの害虫を防ぐ

　ナスタチウム（キンレンカ）はノウゼンハレン科の一年草で、花や葉にはやや辛みや酸味を持ち、エディブルフラワーとして利用されています。アブラナ科のハクサイと混植すると、香りがアブラムシを忌避してくれます。また、ナスタチウムの葉や茎にはハダニやスリップス（アザミウマ）がつきますが、それを食べる益虫もやってきて、バンカープランツ（おとり作物）として役立ちます。

　ナスタチウムは高温多湿の夏が苦手なので、秋に育てるハクサイの混植用には、西日の避けられる場所で夏越しさせるか、8月下旬～9月上旬に種をまいて、苗づくりをするとよいでしょう。ハクサイ3～4株につきナスタチウム1株の割合で畝に混植します。

応用：ナスタチウムはキャベツ、ブロッコリー、チンゲンサイ、コマツナ、カブなどのアブラナ科のほか、ナス、ピーマンなどのナス科、レタスなどのキク科などとも混植できる。

栽培プロセス

【品種選び】ハクサイは特に品種は選ばない。ナスタチウムは園芸用の苗を購入できるほか、種も販売されている。

【土づくり】植えつけの3週間前に完熟堆肥とぼかし肥を施して耕し、畝立てを行う。

【種まき、植えつけ】ハクサイは8月下旬までにポリポットなどに種をまき育苗。苗の植えつけは9月中旬～下旬。ナスタチウムを種から育てるときは8月下旬～9月上旬に種をまく。本葉3～4枚で植えつけられる。

【追肥】p.52参照。

【収穫】ハクサイはp.52参照。ナスタチウムの花や葉は必要に応じて少しずつ摘み取ってサラダなどに。種もピクルスなどに加工できる。

ポイント

ナスタチウムはほふくし、横にも広がるが、ハクサイの葉を覆わない限り、放任でよい。秋の終わりごろには枯れ始め、ハクサイが結球するころにはほぼ枯れてしまう。こぼれ種から翌年春には発芽することもある。

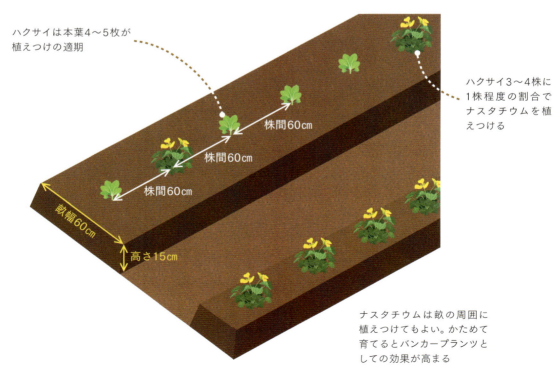

ハクサイは本葉4～5枚が植えつけの適期

株間60cm

畝幅60cm　高さ15cm

ハクサイ3～4株に1株程度の割合でナスタチウムを植えつける

ナスタチウムは畝の周囲に植えつけてもよい。かためて育てるとバンカープランツとしての効果が高まる

コマツナ × リーフレタス

害虫忌避

アオムシやアブラムシを寄せつけない

　コマツナもリーフレタスも栽培期間は比較的短く、1つの畝で栽培が可能です。コマツナはアブラナ科でモンシロチョウやコナガの幼虫（アオムシ）やアブラムシなどの害虫がつきますが、近くにキク科のリーフレタスを混植することで、害虫忌避の効果が期待できます。逆にリーフレタスにつくアブラムシは、コマツナが忌避してくれます。

　なお、コマツナの代わりにチンゲンサイやカブ、ミズナなどのアブラナ科の葉菜類には同様の効果が期待できます。春や秋にはこれらのアブラナ科を1か所に集めて育てがちですが、列の間にリーフレタスなどほかの科の葉菜類を組み合わせて育てることをおすすめします。

応用： リーフレタスの代わりに、同じキク科のシュンギクを使ってもよい。

栽培プロセス

【品種選び】 コマツナは特に品種は選ばない。リーフレタスに赤色のサニーレタスを混ぜておくと、害虫の忌避効果も高まる。

【土づくり】 種まきの3週間前に完熟堆肥とぼかし肥を施して耕し、畝立てを行う。

【種まき】 コマツナは直まきをする。春は4月上旬〜5月下旬、秋は8月下旬〜10月上旬までまける。リーフレタスは直まきでも苗をつくってもよい。7月中旬〜8月中旬を除いて、3月下旬〜10月上旬までまける。

【間引き】 コマツナは本葉が1〜2枚で株間3〜4cmに。草丈7〜8cmで株間5〜7cmに。リーフレタスを直まきした場合は、隣の株と葉が重なるようになったら随時間引き、最終的に株間15cmほどに。どちらも間引き菜として利用できる。

【追肥】 やせた土でコマツナの葉が黄色くなってきたら、条間や畝の肩などにぼかし肥を少量施し、土となじませておく。

【収穫】 コマツナの栽培期間は40〜60日程度。大きく育ったものから収穫する。リーフレタスは外葉からかき取っても、大きくなった株を株元から切ってもよい。

ポイント
害虫の被害は気温の高い時期に多いので、秋に栽培するときはリーフレタスの苗を先に植えつけて大きく育てておくと、害虫防除効果が高まる。

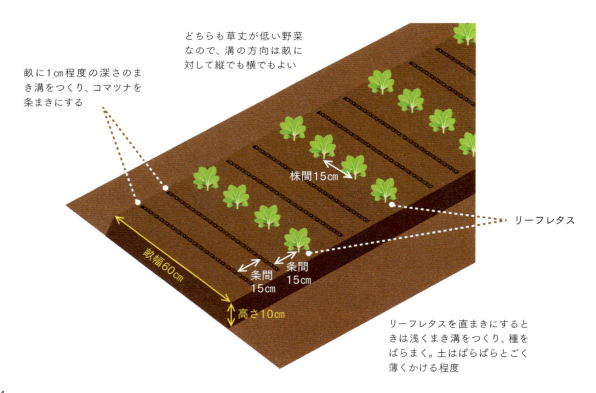

畝に1cm程度の深さのまき溝をつくり、コマツナを条まきにする

どちらも草丈が低い野菜なので、溝の方向は畝に対して縦でも横でもよい

株間15cm

リーフレタス

畝幅60cm
条間15cm
条間15cm
高さ10cm

リーフレタスを直まきにするときは浅くまき溝をつくり、種をばらまく。土はぱらぱらとごく薄くかける程度

コマツナ ✕ ニラ

 病気予防   害虫忌避

ダイコンサルハムシによる被害からコマツナを守る

　秋まきのコマツナの葉のあちこちに小さな穴があいて、ひどくなるとレース状になってしまうほど食害を受けることがあります。葉の上を探してみて、4mm程度の小さな黒い甲虫が見つかると、ダイコンサルハムシによる被害と考えられます。駆除しようと手を近づけると、ポロリと葉から落下して逃げてしまいます。コマツナだけでなく、アブラナ科の野菜に共通する悩ましい害虫です。

　ダイコンサルハムシはニラの香りが苦手です。そこで、コマツナとニラを混植するか、近くで育てます。コツはニラが伸びたら頻繁に刈ること。ニラを切った傷口から液体が出ますが、特にそのにおいを嫌がります。刈ったニラの葉をコマツナの畝の上に敷くだけでも十分効果があります。

応用： ニラの混植はキャベツ、ブロッコリー、ハクサイ、チンゲンサイ、ミズナ、カブ、ダイコンなどのアブラナ科の野菜に効果がある。

栽培プロセス

【品種選び】コマツナもニラも特に品種は選ばない。
【土づくり】植えつけの3週間前に完熟堆肥とぼかし肥を施して耕し、畝立てを行う。
【種まき、植えつけ】コマツナは畑に直まきをする。8月下旬～10月上旬までまける。ニラは市販の苗を使うか、3月下旬に種をまき、6月に定植して育てる。ニラは3株を1か所に植えつけるとよく育つ。
【追肥】p.54参照。
【収穫】コマツナはp.54参照。ニラは長く伸びたら、株元から3cm程度残して上部を刈り取って収穫。

ポイント

ダイコンサルハムシはおもに秋の害虫。コマツナの芽が出てきたら、ニラを株元から3cm程度残して刈り取り、コマツナの条間に敷くとよい。生育初期の害虫防除になるだけでなく、ニラは夏のかたい葉を捨て刈りすることになり、やわらかくて香り高い葉が収穫できる。

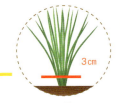

草丈が高くなったら刈って敷く。特に切ったあとに出る液体に含まれるにおい成分を害虫が嫌う

ニラ

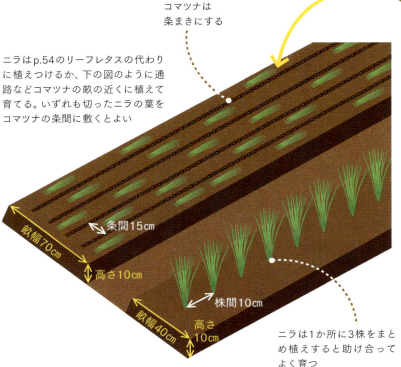

コマツナは条まきにする

ニラはp.54のリーフレタスの代わりに植えつけるか、下の図のように通路などコマツナの畝の近くに植えて育てる。いずれも切ったニラの葉をコマツナの条間に敷くとよい

畝幅70cm / 高さ10cm / 条間15cm / 株間10cm / 畝幅40cm / 高さ10cm

ニラは1か所に3株をまとめ植えすると助け合ってよく育つ

アカザ、シロザとの草生栽培

コマツナやチンゲンサイ、ミズナは春から秋の畑によく生えるアカザやシロザを生かして、栽培してもよく育ちます。アカザ、シロザはホウレンソウに近い仲間で、アブラナ科の害虫防除になります。また地表を覆うため、マルチ代わりとして、保湿やほかの雑草の防除になります。ただし、アカザ、シロザは放任すると草丈が高くなるので、コマツナが日陰になるようなら株元まで切り詰めます。一年草なので秋の終わりには枯れます。

ホウレンソウ ✕ 葉ネギ

 生育促進 病気予防

ホウレンソウが健全に育ち、味もおいしくなる

　萎ちょう病は、ホウレンソウに多発し、枯らしてしまうやっかいな土壌病害です。葉ネギの根につく微生物が抗生物質を分泌し、ホウレンソウの萎ちょう病を引き起こすフザリウム菌を退治します。

　また、葉ネギは単子葉植物で有機物が分解してできるアンモニア態窒素を好んで吸収します。一方、ホウレンソウは双子葉植物で、アンモニア態窒素からできる硝酸態窒素を好んで吸収します。

　ホウレンソウがしばしば苦くなったり、あとにえぐみが残ったりするのは硝酸態窒素を吸収しすぎたためです。葉ネギを混植すると過剰な養分を吸収してくれるため、すっきりとした上品な味わいになります。

応用：葉ネギの代わりにワケギやアサツキなどでもよい。長ネギはホウレンソウと混植すると土寄せがしづらい。

栽培プロセス

【**品種選び**】ホウレンソウは春まきの場合、トウ立ちしにくい品種を選ぶ。葉ネギは『九条ネギ』などが一般的。

【**土づくり**】種まき、植えつけの3週間前に完熟堆肥とぼかし肥を施して耕し、畝立てを行う。

【**種まき、植えつけ**】ホウレンソウの種まきは真夏を除いて春から秋まで行える。種は条まきにする。同時に葉ネギを植えつける。葉ネギの種まきの適期は3月と9月。育苗には30日以上必要。

【**間引き、追肥**】ホウレンソウは本葉1枚で株間3〜4cm、草丈が5〜6cmで株間6〜8cmに間引く。2回めの間引き時にホウレンソウ、葉ネギともに条間にぼかし肥を施す。

【**収穫**】ホウレンソウは草丈が25cmほどで収穫可能。葉ネギは株元3cm程度を残して収穫すれば、また葉が伸びる。

ポイント

ホウレンソウはpH6以下の酸性土壌では生育しにくい。必要であれば石灰分（貝石灰や苦土石灰など）を施し、酸度を調整して中性（pH7）に近づける。葉ネギも同様の環境でよく生長する。

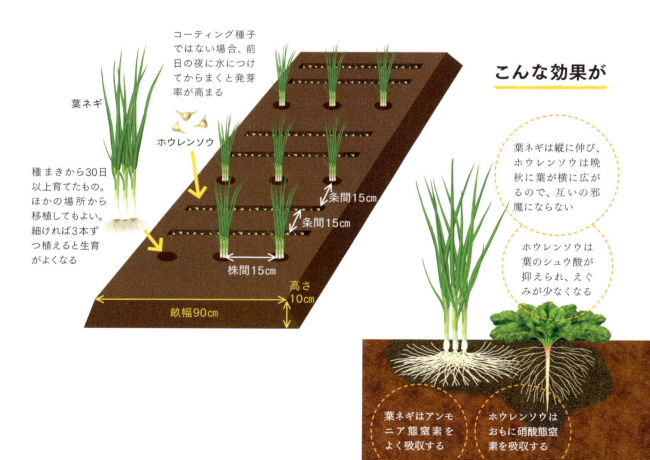

ホウレンソウ ✕ ゴボウ

空間利用　生育促進

直根タイプの野菜を組み合わせて根をより深く伸ばす

　ゴボウは収穫間近になると茎が長く伸び、葉も大きくなるため、栽培には意外と広い面積が必要です。ゴボウがまだ小さいうちに同じ畝でホウレンソウを栽培し、収穫します。ゴボウは4月中旬〜5月上旬に種をまいて秋に収穫する秋ゴボウと、9月中旬〜10月上旬に種をまいて春に収穫する春ゴボウがあります。ホウレンソウとの混植に向くのは春ゴボウです。

　ゴボウは根がまっすぐ下に深く伸びる直根性で、栽培前には60〜70cm程度掘り下げてよく耕します。ホウレンソウも主根が深く伸びる直根性で、深く耕した場所で根を伸ばし、よく生長します。

栽培プロセス

【品種選び】ホウレンソウもゴボウも特に品種を選ばない。

【土づくり】ゴボウの長根品種の場合、種まきの3週間前に深さ60〜70cmまで掘り、土をやわらかくする。土を埋め戻し、畝立てを行う。完熟堆肥やぼかし肥などは施さない。

【種まき】春ゴボウは9月中旬〜10月上旬に行う。ホウレンソウはp.56参照。ゴボウの種は種まきの前日、丸一日水につけてよく吸水させておく。1か所5〜6粒まきにし、土で薄く覆う。

【間引き、追肥】ホウレンソウの間引きはp.56参照。ゴボウは本葉1枚で2本、本葉3枚で1本立ちに。追肥は2回めの間引き時にホウレンソウのまわりにのみ、ぼかし肥を施す。

【収穫】ホウレンソウはp.56参照。ゴボウの収穫は翌年6月中旬〜8月上旬。

ポイント

サラダゴボウ（短根の品種）なら8月下旬までにまけば年内収穫も可能。その場合、ホウレンソウは同時か、少し遅れて種をまく。

60〜70cmまで掘り下げる。サラダゴボウの場合は30cm程度でよい

深さ60〜70cm
溝の幅40cm

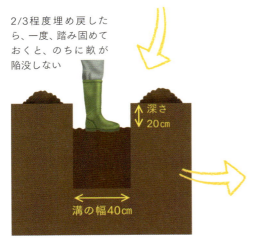

2/3程度埋め戻したら、一度、踏み固めておくと、のちに畝が陥没しない

深さ20cm
溝の幅40cm

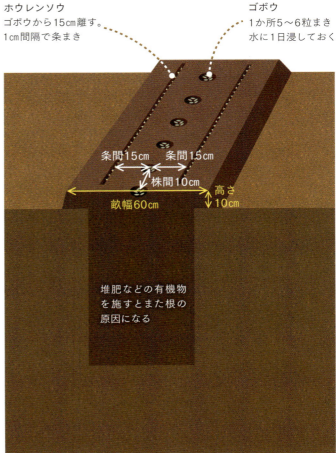

ホウレンソウ
ゴボウから15cm離す。
1cm間隔で条まき

ゴボウ
1か所5〜6粒まき
水に1日浸しておく

条間15cm　条間15cm
株間10cm
畝幅60cm　高さ10cm

堆肥などの有機物を施すとまた根の原因になる

シュンギク × チンゲンサイ

害虫忌避

シュンギクの香りでチンゲンサイの害虫を忌避

　キャベツとサニーレタス（p.48）同様に、アブラナ科とキク科の葉菜類の組み合わせです。近くにシュンギクを混植することで、チンゲンサイにモンシロチョウやコナガの飛来を防ぎ、産卵させないことで、幼虫の食害を防ぎます。また、科が異なるので、互いのアブラムシなどを忌避できます。

　好む養分も異なるため、余分な肥料は互いに利用し、肥料のやりすぎによるえぐみなども発生せず、味がよくなります。

　東日本でよく育てられる株立ちタイプのシュンギクは種まきから収穫開始まで40日ほど。秋まきの場合、先端を摘心してわき芽を伸ばせば、さらに30〜40日程度収穫が続けられます。チンゲンサイは50〜65日ほどで収穫できます。害虫による被害が多いのはチンゲンサイなので、先行してシュンギクを育てておくと効果的です。

応用： チンゲンサイの代わりにコマツナ、ミズナ、カブなどでもよい。シュンギクの代わりにはリーフレタスも可能。

栽培プロセス

【品種選び】 チンゲンサイは特に品種を選ばない。シュンギクは西日本で一般的なキクナ（大葉シュンギク）のタイプは株元で切って収穫するので、栽培期間は延ばせない。東日本で一般的な株立ちタイプは、秋まきすると摘心しながら栽培期間を延ばせる。

【土づくり】 種まきの3週間前に完熟堆肥とぼかし肥を施して耕し、畝立てを行う。

【種まき】 シュンギクは条まき。発芽率が悪いので、厚めにまくとよい。秋まきの場合、チンゲンサイはシュンギクの最初の間引き時にまく。春まきではチンゲンサイとシュンギクは同時にまく。

【間引き、追肥】 シュンギクは本葉2〜3枚で株間5〜6cm、7〜8枚で株間12cmに。チンゲンサイは本葉1〜2枚で2本、4〜5枚で1本に。どちらも2回めの間引き後にぼかし肥を施す。

【収穫】 秋まきの場合、シュンギクは本葉10枚ほどになったら、茎の先端を摘心して収穫。下葉は5枚程度残す。わき芽が生長するので随時収穫。チンゲンサイは株元が太く膨らんで丸みを持ち、葉に厚みが出てきたら収穫。

ポイント

春まきのシュンギクはトウ立ちしやすいので、摘心せずに株元から切って収穫。春まきの場合、生育初期は害虫の発生が少ないので、シュンギクとチンゲンサイは同時にまく。シュンギクの栽培を先行させると、チンゲンサイの害虫が多く発生する前に収穫期になる。

こんな効果が

秋まきの場合

- シュンギク
- シュンギクの最初の間引き時にチンゲンサイをまく
- 株間15cm
- 株間10cm
- チンゲンサイは3粒まき。1cm程度土で覆い、しっかりと鎮圧する
- 畝幅60cm
- 高さ10cm

- チンゲンサイに、モンシロチョウやコナガが産卵しなくなる
- アブラナ科とキク科で使う養分が異なるので、競合はほとんど起きない

シュンギク × バジル

害虫忌避

バジルをところどころに配置。香りで害虫を防ぐ

　シュンギクにつくアブラムシ、ハモグリバエなどの害虫をバジル独特の香りで忌避します。どちらの害虫も6～9月に多発しますが、バジルは暑さに比較的強く、旺盛に繁茂し、シュンギクを害虫から守ってくれます。また、バジルの香り成分のリナロールには殺菌作用もあります。

　注意点はシュンギクのすぐそばで大量のバジルを育てないことです。特に初夏から真夏にかけて徐々に草丈が高くなり、シュンギクが育ちにくくなります。バジルの香りの効果は広範囲に及ぶので、50cm以上離してところどころに植えつけるだけで十分です。

栽培プロセス

【品種選び】シュンギクは特に品種は選ばない。バジルは『スイートバジル』が入手しやすく使いやすい。

【土づくり】種まきの3週間前に完熟堆肥とぼかし肥を施して耕し、畝立てを行う。

【種まき、植えつけ】シュンギクは条まき。秋は9月上旬～10月下旬、春は3月下旬～5月中旬までまけるが、秋まきがおすすめ。シュンギクの種まきと同時にバジルを植えつける。バジルを種から育てる場合は3月上旬から種をまく。この時期のトマトやナスの種まきと同様に加温が必要。秋に利用する場合は、夏の間に茎の先端を切って挿し木をし、株をふやしてもよい。

【間引き、追肥】p.58参照。

【収穫】p.58参照。バジルは随時、先端から摘み取って利用する。

ポイント

バジルは随時、葉を摘み取って利用していると、わき芽が次々に伸びて、より香りが強くなり、効果が高まる。

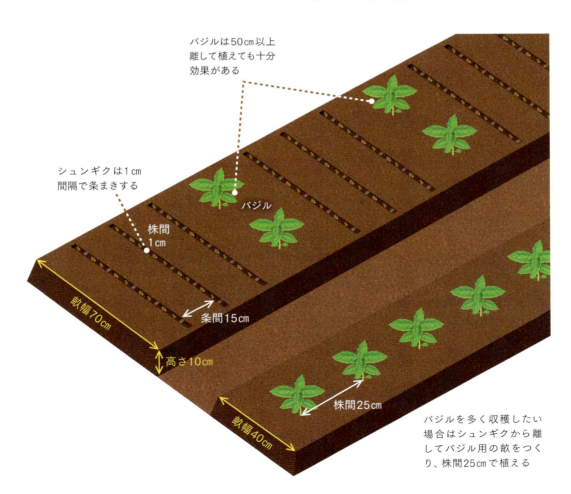

バジルは50cm以上離して植えても十分効果がある

シュンギクは1cm間隔で条まきする

株間1cm

バジル

畝幅70cm

条間15cm

高さ10cm

株間25cm

畝幅40cm

バジルを多く収穫したい場合はシュンギクから離してバジル用の畝をつくり、株間25cmで植える

葉物野菜のミックス栽培

 害虫忌避 病気予防 生育促進

異なる科の野菜を隣り合わせに育て相乗効果で害虫を強力防除

　葉物野菜はいろんな種類を少しずつ収穫できると重宝します。コンパニオンプランツの知恵を生かして、多品目のミックス栽培をしてみましょう。

　人気の葉物野菜のコマツナ、チンゲンサイ、ミズナ、ツケナ、カラシナなどはアブラナ科。小型の根菜類の小カブやラディッシュを含めると、畝の大部分をアブラナ科の野菜が占めることになります。これらを隣り合わせで育てると、アブラナ科の野菜を好むアブラムシやハダニ、モンシロチョウやコナガ、カブラハバチの幼虫などの害虫が多発します。

　そこで、キク科のシュンギクやレタス、エンダイブ、サンチュなど、アカザ科（別の分類ではヒユ科）のホウレンソウやフダンソウ（スイスチャード）など、ユリ科（別の分類ではヒガンバナ科）ネギ属の葉ネギなど、科の異なる葉物野菜が隣にくるように配置します。ほとんどの害虫は自分の好みの野菜がはっきりと決まっていて、ほかの科の野菜には寄りつかないため、害虫の被害を大幅に減らすことができます。

栽培プロセス

【品種選び】葉物野菜のまきどきは3月下旬～5月中旬と、9月上旬～10月中旬。少しずつ時期をずらしながらまくと長期にわたって収穫できる。春の場合はトウ立ちしないように、春まき専用の品種を選ぶ。

【土づくり】種まきの3週間前に完熟堆肥とぼかし肥を施して耕し、畝立てを行う。

【追肥】基本的に施さない。ホウレンソウ、コマツナなどは油かすを追肥で施してもよい。

【間引き】それぞれの野菜の項目を参照。間引き菜も利用できる。

【収穫】大きくなったものから順次収穫。

ラディッシュ（アブラナ科）

酸性寄りの土を好む。外側の列で栽培すると、球の肥大がチェックしやすく、収穫もしやすい。栽培日数に従い、タイミングよく収穫するのがコツ。

- 1cm間隔で種まき
- 30～40日で収穫

リーフレタス（キク科）

酸性寄りの土を好む。直まきでも苗の植えつけでもよい。赤色のサニーレタスを混ぜると、アブラナ科を好むモンシロチョウやコナガの忌避効果が高まる。

- 直まきなら1cm間隔。種をごく薄く土で覆う。苗なら15～20cm間隔で植えつけ
- 大きくなったら随時、外葉から収穫

条間12～15cm　株間15～20cm

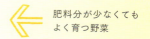
肥料分が少なくてもよく育つ野菜

チンゲンサイ
（アブラナ科）

ラディッシュやリーフレタスなどよりは中性寄りの微酸性の土を好む。

- 2cm間隔で種まき。間引き2回で株間15cmに。点まきでもよい
- 50〜60日で収穫

シュンギク
（キク科）

微酸性の土を好む。春は根元で切って収穫する大葉の品種が、秋は鍋物に向く株立ちする品種がおすすめ。アブラナ科の病害である根こぶ病の発生を抑制する効果がある。

- 1cm間隔で種まき。間引き2回で株間12cmに
- 40〜50日から収穫。秋は摘心すればより長く収穫できる

コマツナ
（アブラナ科）

微酸性〜中性の土を好む。ホウレンソウの立枯病を防ぐ効果がある。

- 1cm間隔で種まき。間引き2回で株間5〜6cmに
- 大きく育ったものから収穫

ホウレンソウ
（アカザ亜科）

中性の土を好む。酸性だと立枯病が出やすいので、土づくりのときにカキ殻石灰などをまく。

- 5〜10mm間隔で種まき。間引き2回で株間5〜6cmに
- 春まきはトウ立ちしやすいので、本葉7枚までに収穫するとよい

葉ネギ
（ネギ属）

微酸性〜中性の土を好む。チャイブでも代用できる。3月上旬からポリポットに種まきをして、苗をつくるとよい。ホウレンソウと特に相性がよい。

- 株間20〜30cmで苗2〜3本をまとめて植える
- 植えつけから30日程度で収穫できる

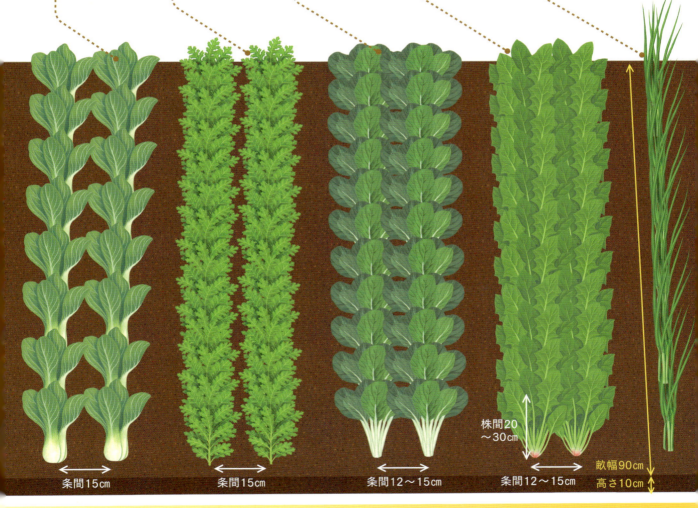

肥料分が比較的好きな野菜。水の流れとともに肥料分も移動するので、傾斜がある場合はこちらを低くするとよい

玉レタス ✕ ブロッコリー

 空間利用　 害虫忌避　 生育促進

ブロッコリーを寒さよけにして春早くから栽培できる

　玉レタスをブロッコリーの陰に混植することで、栽培時期をずらすことができます。玉レタスの苗は寒さに比較的強く、春早めの3月上旬ごろから畑で育てることができます。突然の霜や寒風を避けられるように、春どり用のブロッコリーの陰に植えつけるのがコツです。通常よりも2～3週間早く栽培がスタートでき、5月中旬から収穫できます。

　また秋遅めの10月上旬以降に玉レタスを植えつけると、結球時に強い霜にあたって玉が傷みやすくなりますが、このときも冬どり用のブロッコリーを霜よけにすることができます。キク科の玉レタスとアブラナ科のブロッコリーは科が異なるため、互いに害虫を忌避する効果があります。

応用：ブロッコリーの代わりにキャベツやカリフラワーなどでもよい。

栽培プロセス

【品種選び】玉レタスは特に寒さに強い品種を選ぶと安心。ブロッコリーは3月下旬～4月中旬の早春どりの品種もある。栽培時期によって使い分ける。

【土づくり】ブロッコリーの植えつけの3週間前に完熟堆肥とぼかし肥を施して耕し、畝立てを行う。

【植えつけ】10月にブロッコリーを植えつける。3月上旬～中旬にブロッコリーの株間か条間に玉レタスの苗を植えつける。玉レタスの苗は2月中旬にポリポットなどに種をまき、加温して育てておく。

【追肥、土寄せ】玉レタスを植えつけるころに、ブロッコリーの株元にぼかし肥を1握り施す。同時に土寄せをする。

【収穫】玉レタスは頭を押さえて締まっていたら、株元から収穫。早朝に収穫するとよりみずみずしい。ブロッコリーは花蕾が大きくなったら収穫。

ポイント

ブロッコリーは土寄せをしっかり行っておくと、玉レタスを条間に植えるときに溝植えと同じ状態になり、日光によって暖まりやすく、苗がよく育つ。

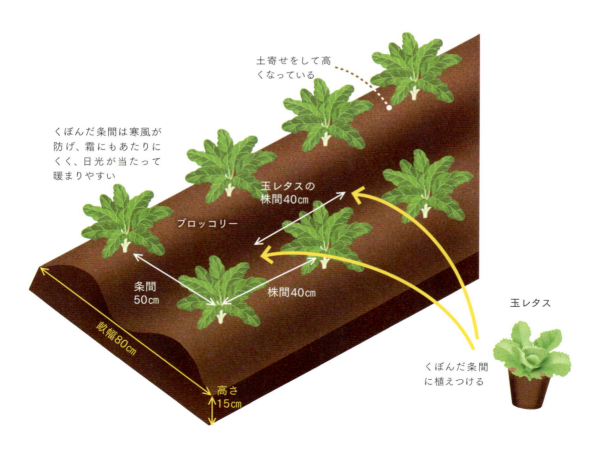

ニラ ✕ アカザ

生育促進

生えてくる草を利用して
やわらかいニラを育てる

　畑に自然に生えるアカザを抜き取らず、残しておくとやわらかいニラが育ちます。まず3月中旬〜下旬に冬の寒さで枯れて倒れたニラの葉を刈って取り除きます。まだ気温の低い時期ですが、このときに土の表面を動かすと、一斉にアカザが発芽してきます。

　ニラは冬から春に太い根に蓄えた養分で7月まで生長しますが、アカザはこの間に根をまっすぐ深く伸ばし、水分を深くから吸い上げるため、ニラは水分を吸いやすくなります。真夏にはアカザが地表を覆い、マルチ代わりに土を保湿します。夏から秋にかけて、ニラは葉がかたくなることなく、よく伸びて、やわらかくておいしい葉が長期にわたって収穫できます。

応用：シロザも同様に利用できる。

栽培プロセス

【**品種選び**】ニラは特に品種を選ばない。

【**土づくり**】植えつけの3週間前に完熟堆肥とぼかし肥を施して耕し、畝立てを行う。石灰分を施しておくとよく育つ。

【**植えつけ**】6月中旬が適期。1か所に苗3本をまとめて植えつける。苗は市販のものを使うか、3月下旬に肥沃な畑に種をまいて育てる。

【**追肥**】ニラの葉色が淡くなってきたら、米ぬかややや未熟なぼかし肥などを畝の肩に施す。

【**捨て刈り**】草丈が伸びてきたら、10月上旬〜中旬に株元から2〜3cmの位置で葉を刈り取る。その後、やわらかく香り高いニラの葉が伸びてくる。

【**収穫**】草丈が20〜30cmと高くなったら、随時、捨て刈りと同様の要領で収穫する。6〜12月中旬まで収穫が可能。4〜5回繰り返すと株が疲れるので、2か月ほど休む。

【**株分け**】植えつけから2年たったら(3年め)、分げつして大株になるので、掘り上げて株分けし、3本ずつ植え替える。

ポイント
アカザは放置すると草丈が1m近くまで伸びるので、ニラの草丈に近くなったら、刈り取る。ニラの畝に敷いて草マルチにしても。

こんな効果が

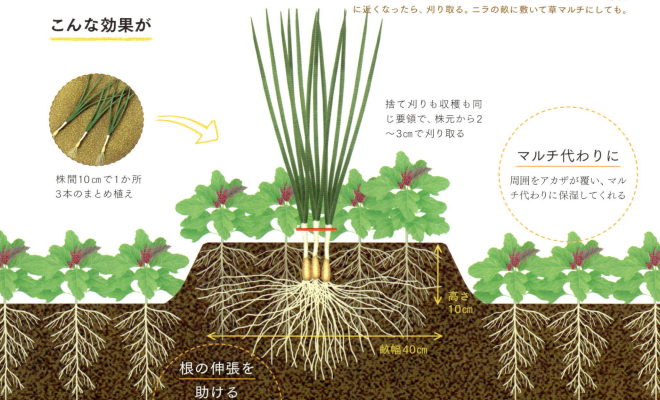

株間10cmで1か所3本のまとめ植え

捨て刈りも収穫も同じ要領で、株元から2〜3cmで刈り取る

マルチ代わりに
周囲をアカザが覆い、マルチ代わりに保湿してくれる

高さ10cm

畝幅40cm

根の伸張を助ける
根が深く伸びて、ニラの根の伸張を助ける

タマネギ X ソラマメ

生育促進 空間利用 病気予防 害虫忌避

栽培期間が同じなので1つの畝で栽培できる

　タマネギ、ソラマメともに11月に植えつけて、5～6月に収穫する冬越しタイプの野菜です。栽培期間がほとんど同じなので、いっしょの畝を使うことで、空間を効率的に利用できます。

　タマネギはマメ科植物と相性がよく、冬の間、互いに根を張るため、霜柱が立ちにくくなり、寒さによるダメージを受けにくくなります。また、タマネギはネギ属で根に共生する菌が抗生物質を出すため、ソラマメは立枯病などの病気から守られます。

　気温の上昇とともにソラマメにはソラマメヒゲナガアブラムシやマメアブラムシなどが発生しますが、同時にテントウムシやアブラバチ、ヒラタアブなどの天敵もふえて、タマネギの害虫を防ぐバンカープランツの役割も果たします。さらに暖かくなるとソラマメの根につく根粒菌も活発に窒素固定を行い、周囲の土も肥沃にします。タマネギは肥沃になった土から養分を吸収し、玉を肥大させます。

応用：ソラマメと栽培期間が近いエンドウにも応用できる。

栽培プロセス

【品種選び】タマネギもソラマメも特に品種は選ばない。

【種まき、苗づくり】タマネギは畑の一角を利用して、種をまいて育苗。まく時期は9月だが、早生、晩生など品種によって調整する。市販の苗も利用できる。ソラマメは10月下旬～11月上旬にポリポットに1粒ずつまいて育苗する。

【土づくり】植えつけの3週間前に完熟堆肥とぼかし肥を施して耕し、畝立てを行う。

【植えつけ】タマネギは草丈15cm程度になると植えられる。株間は15cmが一般的だが、10cm程度と詰めて植えてもよい。ソラマメは本葉2～3枚が苗の植えどき。

【追肥】タマネギの追肥として12月中旬～下旬に1回、2月下旬に1回、米ぬかかぼかし肥を施し、表土とかき混ぜ、なじませる。ソラマメは特に考えなくてもよい。

【収穫】タマネギは8割程度の株が倒伏したら、残りの株も含めて一斉に収穫する。ソラマメは莢が下を向き、背の部分が少し黒くなったらとりごろ。

ポイント

ソラマメ用の畝をつくり、ソラマメの両側にタマネギを植えるのがシンプルな方法。逆に畝幅の広いタマネギの畝にソラマメを配していくのでもよい。

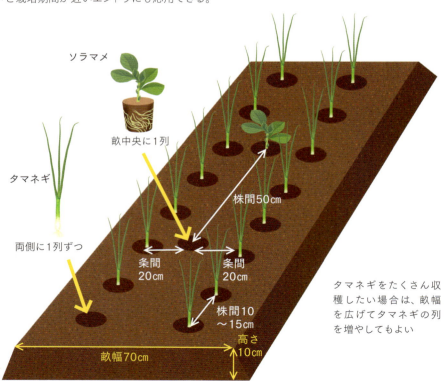

タマネギをたくさん収穫したい場合は、畝幅を広げてタマネギの列を増やしてもよい

こんな効果が

バンカープランツになる
春になるとソラマメの茎の先端にアブラムシがつきやすいが、同時にテントウムシなどの天敵がふえて、タマネギの害虫がつきにくくなる

マルチ代わりに
タマネギはソラマメのやや日陰でもよく育ち、株元の保湿にもなる

ソラマメの病気を防ぐ
タマネギの根につく共生菌がソラマメの立枯病を防ぐ

タマネギの生育促進
春になると根が広がり、新しい根に根粒菌がついて活発に働き、土が肥沃になる

65

タマネギ X クリムソンクローバー

生育促進　害虫忌避

マメ科緑肥を混植して
タマネギを大きく育てる

　クリムソンクローバーはマメ科の緑肥作物です。真っ赤な花を咲かせるため、ストロベリーキャンドルとも言われます。タマネギを植えつけたあと、その周囲に種をばらまいておくと、1週間程度で発芽し、地表を覆うように草丈の低い状態で冬を越し、霜柱でタマネギの株が浮き上がるのを防いでくれます。

　3月になると急速に繁茂し、ほかの雑草が生えるのを防ぎます。やわらかい葉にはアブラムシなどがやってきますが、ほどなくテントウムシなどの益虫のすみかに変わります。根についた根粒菌が空気中の窒素を固定して土が肥沃になります。タマネギはその養分を利用して玉を大きく膨らませます。

栽培プロセス

【品種選び】タマネギは特に品種を選ばない。クリムソンクローバーは緑肥用のものが市販されているほか、草花の種としても売られている。

【種まき、苗づくり】タマネギは畑の一角を利用して、種をまいて育苗。まく時期は9月だが、早生、晩生など品種によって調整する。市販の苗も利用できる。

【土づくり】植えつけの3週間前に完熟堆肥とぼかし肥を施して耕し、畝立てを行う。

【植えつけ、種まき】タマネギは11月中旬〜12月上旬に草丈15cm程度の苗を植えつける。品種にもよるが、あまり早く植えつけるとトウ立ちの原因になる。植えつけ後、クリムソンクローバーの種を畝にばらまき、軽く土と混ぜておく。

【追肥】クリムソンクローバーが土を肥沃にするので施さなくてもよい。あまり肥沃ではない畑の場合はp.64を参照して、少量追肥する。

【収穫】p.64参照。

ポイント

クリムソンクローバーは4月下旬には真っ赤な花を咲かせ、5月中旬には種をつける。こぼれ種から雑草化することもあるので、種をつける前に刈るとよい。刈った地上部は肥料分が豊富なので、そのまま畝に敷くとよい草肥になる。

バンカープランツとしても

クリムソンクローバーは4月上旬〜中旬に花茎がいっせいに立ち上がってきますが、花茎を切っておくと、株が老化せず、枯れずに夏まで育ちます。全体が大きくなると、天敵のすみかになるので、バンカープランツとしても活用できます。写真はトマトのバンカープランツとしてクリムソンクローバーを栽培した例。

タマネギ X カモミール

害虫忌避

ハーブの香りで
タマネギの葉につく害虫を防ぐ

　タマネギでときどき見られる症状で、葉のところどころがかすれたように白くなることがあります。これは体長1mmほどのスリップス（ネギアザミウマ）による被害で、ひどくなると白い部分が広がり、光合成が十分に行えず、生育の勢いが衰えてしまいます。

　タマネギの畝の近くにカモミールを植えておくと、ハーブ独特の香りを嫌がって、スリップスが寄りつかなくなります。また、カモミールにはキク科植物を好むアブラムシがやってきますが、同時に天敵もふえてすみかになるので、タマネギにつくアブラムシなどの害虫防除になります。

応用：カモミールは、キュウリなどと混植しても同様の効果が得られる。

栽培プロセス

【品種選び】タマネギは特に品種を選ばない。カモミールは一年草で小型の『ジャーマンカモミール』が扱いやすい。

【種まき、苗づくり】タマネギはp.66参照。カモミールは9月中旬～下旬に育苗箱などにばらまいて苗をつくる。市販の苗も利用できる。

【土づくり】植えつけの3週間前に完熟堆肥とぼかし肥を施して耕し、畝立てを行う。

【植えつけ】タマネギはp.66参照。タマネギ4～5株ごとにカモミールを1株植えつける。

【追肥】タマネギの追肥として12月中旬～下旬に1回、2月下旬に1回、米ぬかぼかし肥を施し、表土とかき混ぜ、なじませる。カモミールも同様でよい。

【水やり】冬に乾燥が続く場合は水やりを行うと、タマネギ、カモミールともによく育つ。

【収穫】タマネギはp.64参照。カモミールは葉が伸びてくる3月中旬～下旬に芽の先端を切るとわき芽が増えて、花がたくさんつく。4月上旬～5月中旬まで開花するが、咲き始めの花を摘んで香りを楽しむ。

ポイント

カモミールには『ローマンカモミール』もある。多年草で草丈が低くこんもりと育ち、花だけでなく茎や葉など、株全体から強い香りを発する。風上にあたる畝の周囲や畑のまわりにまとめて植えてもよい。暑さが苦手なので、夏は刈り込んで風通しを図る。

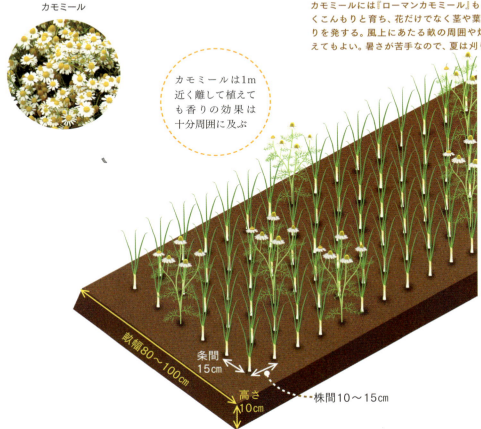

カモミール

カモミールは1m近く離して植えても香りの効果は十分周囲に及ぶ

畝幅80～100cm　条間15cm　高さ10cm　株間10～15cm

写真で見る コンパニオンプランツ実践例

コンパニオンプランツを利用した栽培は各地で実践されています。ここでは、代表的な組み合わせ例を写真で紹介します。

害虫を防ぐ

アブラナ科の害虫を忌避

ブロッコリー3〜4株に1株の割合でキク科のサニーレタスを混植。アブラナ科につくモンシロチョウやコナガなどの幼虫による食害を減らす

異なる科の野菜を間作

異なる科の野菜が隣り合うように間作することで、害虫の被害を抑えることができる。左からシュンギク（キク科）、コマツナ（アブラナ科）、サニーレタス（キク科）、ホウレンソウ（アカザ亜科）、ニンジン（セリ科）、チンゲンサイ（アブラナ科）

ブロッコリーの株間にシソ科のサルビアを混植。においの効果に加えて、モンシロチョウやコナガが赤色を嫌う性質を利用

天敵のすみかをつくる

ピーマンとマリーゴールドの間作。マリーゴールドがバンカープランツとなり、アブラムシやスリップス、ハダニに対する天敵をふやす

病気を予防する

ナス科にはニラを混植

トマトの株元にニラを混植。ネギ属の根につく共生菌が抗生物質を出し、トマトの萎ちょう病の原因菌を減らす。深根タイプのナス科は同じく深根のニラが効果的

ウリ科には長ネギを混植

ネギ属の根につく共生菌はウリ科にも効果的。メロンの生産者による実践例。株元に長ネギを混植してある。浅根タイプのウリ科には長ネギがよい

アブラナ科の根こぶ病を抑える

ハクサイを取り囲むようにエンバクを栽培。エンバクは根から抗菌物質を分泌し、アブラナ科特有の土壌病害である根こぶ病の原因菌を抑制する

うどんこ病を抑える

キュウリの通路でマルチムギを育てる。ムギ類はうどんこ病菌の寄生菌をふやす。同時に天敵のバンカープランツにもなる

生育を促進する

マメ科を混植、間作する

トマトの畝の肩にラッカセイを混植。マメ科の根に共生する根粒菌が土を肥沃にする。葉や茎が地表を覆い、マルチの役割も果たす

トウモロコシとエダマメの間作。マメ科の根粒菌が土を肥沃にすると同時に、菌根菌のネットワークがよく発達し、互いの生育がよくなる

混植で品質の向上を図る

葉ネギが肥料過多を防ぐため、ホウレンソウはえぐみが少なく、おいしくなる

収量を増やす

イチゴにニンニクを混植すると花芽分化が促され、収量が増える。ペチュニアの混植で訪花昆虫がふえ、イチゴが確実に受粉する

空間を効率よく使う

株元のスペースを活かす

ナスの株元のあいた場所でパセリを育てる。パセリの葉が広がり、保湿効果もある

寒さよけに使う

春どりのキャベツの近くにソラマメを混植。キャベツで寒風を避け、春にキャベツを先に収穫する

日陰を利用する

サトイモの大きな葉で夏の強い日光を避けて、栽培しづらい夏ダイコンを育てる

支柱に利用する

オクラの株元にエンドウの種をまき、枯れたオクラの茎を支柱代わりにする。冬はオクラが寒風よけになる

カブ ✕ 葉ネギ

生育促進　病気予防　害虫忌避

カブが甘くなり
葉までおいしく食べられる

　アブラナ科とネギ属の組み合わせで、互いにつく害虫が異なり、避け合うため、被害が抑えられます。また根圏微生物が大きく異なるため、病気の発生も少なくなります。

　また、葉ネギはアンモニア態窒素を好んで吸収し、カブはアンモニア態窒素がさらに分解した硝酸態窒素を好んで吸収します。養分の奪い合いが起こらず、また肥料過多にもなりません。その結果、カブはきれいに丸く育ち、苦みがなく、甘いカブが収穫できます。葉もえぐみがなくなり、おいしく食べられます。

応用：葉ネギの混植は、カブの代わりにチンゲンサイ、コマツナなどのアブラナ科の葉菜類のほか、ホウレンソウ（p.56参照）などにも応用できる。葉ネギの代わりにチャイブなども利用できる。

栽培プロセス

【品種選び】カブ、葉ネギともに品種は特に選ばない。葉ネギとの条間を調整すれば、カブは小型から大型まで、どれも用いることができる。

【土づくり】種まき、植えつけの3週間前に完熟堆肥とぼかし肥を施して耕し、畝立てを行う。

【カブの種まき、葉ネギの植えつけ】同時期に行える。春なら3月下旬～4月上旬、秋なら9月中旬～下旬が適期。カブと葉ネギの条間は15cm程度。カブは1cm間隔で条まきにする。葉ネギは株間15cmで。

【間引き】カブは本葉1枚で株間3cm、本葉3枚で株間5cmになるように間引く。カブの肥大が始まったら、さらに間引いて株間10cm程度に。間引き菜も食べられる。

【追肥】特に必要ない。

【収穫】カブはほどよい大きさになったものから収穫。葉ネギは株元から3～5cm残して収穫。また葉が伸びてくる。

ポイント
葉ネギは幼い苗であれば、3本まとめて植えると生育がよくなる。太いものを移植する場合は1本植えに。カブの収穫後、掘り上げて、別の場所に移動させて育ててもよい。

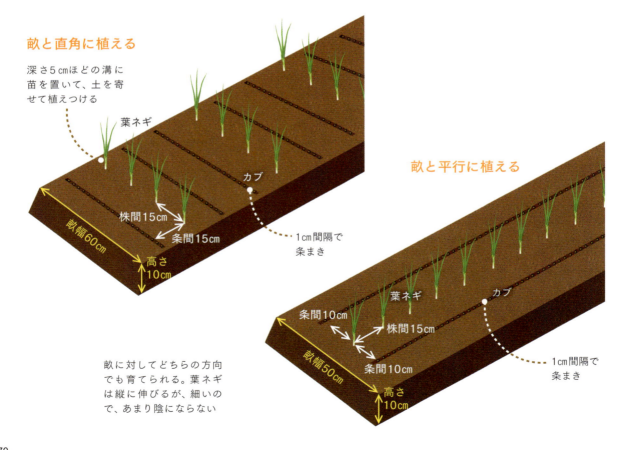

畝と直角に植える
深さ5cmほどの溝に苗を置いて、土を寄せて植えつける
葉ネギ
カブ
株間15cm
条間15cm
畝幅60cm
高さ10cm
1cm間隔で条まき

畝に対してどちらの方向でも育てられる。葉ネギは縦に伸びるが、細いので、あまり陰にならない

畝と平行に植える
葉ネギ
カブ
条間10cm
株間15cm
条間10cm
畝幅50cm
高さ10cm
1cm間隔で条まき

カブ × リーフレタス

害虫忌避

キク科の香りでモンシロチョウ、コナガなどの飛来を防ぐ

アブラナ科のカブとキク科のリーフレタスとの組み合わせです。互いに科が異なるため、害虫よけになります。特にカブにはモンシロチョウ、コナガの幼虫が発生しますが、リーフレタスが近くにあることで、成虫のモンシロチョウやコナガが飛来しなくなります。またリーフレタスにつくアブラムシは、カブのにおいを嫌って寄りつきません。

リーフレタスはカブ4～5列に対して1列で十分効果があります。リーフレタスは横に広がるため、カブの株間よりもやや広めに離して植えつけます。

応用： リーフレタスの代わりに同じキク科のシュンギクを用いてもよい。カブの代わりにチンゲンサイ、コマツナ、ミズナなどにも効果的。

栽培プロセス

【品種選び】カブ、リーフレタスともに特に品種は選ばない。害虫が赤色を嫌うため、サニーレタスがおすすめ。

【土づくり】種まき、植えつけの3週間前に完熟堆肥とぼかし肥を施して耕し、畝立てを行う。

【カブの種まき、リーフレタスの植えつけ】同時期に行える。春なら3月下旬～4月上旬、秋なら9月中旬～下旬が適期。カブとリーフレタスの条間は20cm程度。カブは1cm間隔で条まきにする。リーフレタスは株間15cmで。

【間引き】p.70参照。

【追肥】特に必要ない。

【収穫】p.70参照。リーフレタスは外葉からかき取ると長く収穫できる。株元から切って、丸ごと収穫してもよい。

ポイント

秋まきで特に効果的。カブは大きくならないうちに害虫被害が出ると収穫ができなくなることもあるので、リーフレタスを苗で植えつけて生長を先行させるとよい。

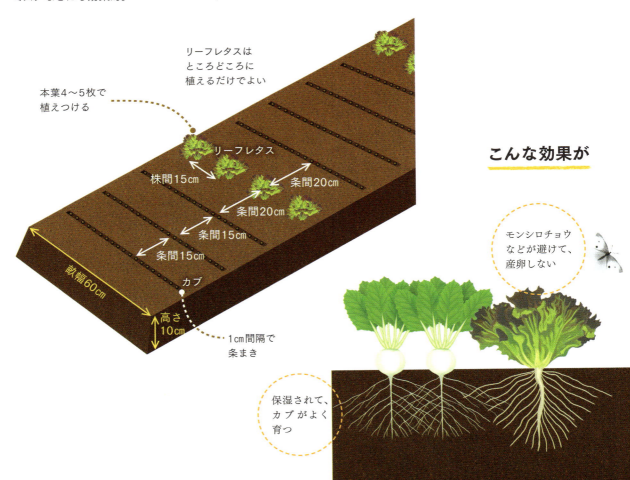

こんな効果が

ダイコン ✕ マリーゴールド

害虫忌避　生育促進

地上部で害虫の飛来を防ぎ根でネグサレセンチュウを減らす

　地上部ではマリーゴールド独特の香りで、アブラナ科につくモンシロチョウ、コナガ、ダイコンサルハムシなどの害虫を忌避します。

　害虫の被害は気温の上昇とともに大きくなり、栽培が難しいとされる6月中旬まきの夏ダイコンでマリーゴールドの混植はもっとも効果を発揮します。9月上旬～下旬まきの冬ダイコンでも、生育初期の重要な時期に被害を抑えてくれます。

　また、ネグサレセンチュウはダイコンの肌に黒い斑点を発生させ、品質を落としますが、マリーゴールドを混植すると、根にネグサレセンチュウを引き寄せ、死滅させる働きがあります。

応用： マリーゴールドの地上部の虫よけ効果を期待し、ナス科のナス、ピーマンや、アブラナ科のキャベツ、ブロッコリー、ハクサイなどと混植してもよい。ネグサレセンチュウの対策としては、ニンジンやゴボウも利用できる。

栽培プロセス

【品種選び】 ダイコンの品種は特に選ばない。マリーゴールドはフレンチ種よりもアフリカン種のほうが効果的。
【土づくり】 ダイコンの種まきの3週間前に畝を立てる。堆肥、元肥ともに施さない。
【種まき、植えつけ】 ダイコンは1か所に5～7粒を点まきにする。マリーゴールドを自分で育苗する場合は4月上旬以降に種をまく。本葉4～5枚で植えつけられる。
【間引き】 ダイコンは本葉1枚で3本に、本葉3～4枚で2本に、本葉6～7枚で1本にする。
【追肥】 特に必要ない。
【土寄せ】 青首ダイコンの場合、根が地上部にせり上がってきたら、土寄せを行う。
【収穫】 ダイコンは品種ごとに適した栽培日数で収穫。通常は60～70日間。秋遅めにまくとさらに長くかかる。

ポイント

ネグサレセンチュウの被害が大きい場合は春から夏にマリーゴールドを密植して栽培し、緑肥として鋤き込んだあと、3週間ほどねかせてから秋まきダイコンに移るとよい。数年に1回行えば、連作で一年中ダイコンを栽培することも可能。

ダイコン ✕ ルッコラ

空間利用　害虫忌避　生育促進

栽培日数の短い野菜をもう1品育てる

　ダイコンの株間、条間を利用し、収穫物をさらに1品増やす方法です。ダイコンは通常、収穫まで60～70日。秋まきで9月下旬以降にまくと、さらに日数がかかります。ルッコラは秋遅くまで種まきが行え、しかも30～40日で収穫できます。

　ルッコラは香りも辛みも強く、害虫をほとんど寄せつけないため、ダイコンも保護されます。大きくなったルッコラをとり終わるころには、ダイコンの葉が大きく広がり、根の肥大期に入っています。

応用： 生育期間の短い小カブをダイコンの脇で育てる方法もある。小カブは葉もおいしいので、間引き菜でどんどん利用する。

栽培プロセス

【品種選び】 ダイコン、ルッコラともに特に品種は選ばない。
【土づくり】 種まきの3週間前に畝を立てる。堆肥、元肥ともに施さない。
【種まき】 ダイコンは1か所に5～7粒を点まきにする。ルッコラは1cm間隔で条まきにするか、ばらまきにする。
【間引き】 ダイコンは上記参照。ルッコラは本葉が出てきたら、間引き収穫を始める。本葉1枚で株間3cm、本葉3枚で株間5cm、最終的に株間10cmが目安。まめに間引いて、サラダなどに利用する。
【追肥】 特に必要ない。
【収穫】 ダイコンは上記参照。根が大きくなったら収穫。ルッコラは40日程度ですべて収穫。

ポイント

秋に生えるハコベはアブラナ科の野菜と相性がよく、抜かずに残しておくと、地表を覆ってマルチ代わりになり、保湿に役立つ。ダイコンの条間でルッコラを育てるのは、いわばハコベの代わり。

ラディッシュ ✕ バジル

害虫忌避

短期栽培型のラディッシュをバジルの香りで害虫から守る

　ラディッシュの栽培期間は40日程度と短く、栽培には手間がかからないものの、意外に害虫の被害が多くなりがちです。ラディッシュは葉をあまり利用しませんが、アブラムシ、ダイコンシンクイムシのほか、モンシロチョウやコナガの幼虫、ヨトウムシなどに食害を受けてしまうと、栽培期間が短いだけにリカバーできずに生育が悪くなり、根が肥大しないまま、かたくなってしまいます。

　ラディッシュの種まきと同時に近くにシソ科のバジルの苗を植えると、独特の香りで生育初期からラディッシュを害虫から守ることができます。バジルは50cmに1株あれば、十分効果を発揮します。

応用： バジルはアブラナ科のほか、レタスやシュンギクなどのキク科、ナスやトマトなどのナス科などと混植できる。

栽培プロセス

【品種選び】 ラディッシュ、バジルとも特に品種は選ばない。

【土づくり】 肥えた畑なら特に必要ない。やせた畑の場合は種まきの3週間前に完熟堆肥とぼかし肥を施して耕し、畝立てを行う。

【種まき、植えつけ】 ラディッシュは春まきなら3月中旬～5月下旬、秋まきなら8月下旬～10月下旬が種まきの適期。1cm間隔で条まきか、1か所3粒の点まきにする。バジルは本葉4～6枚で植えつける。育苗するなら3月初旬にポリポットに入れた用土にバラバラと種をまき、ごく薄く土をかけて発芽させる。市販苗も使える。

【間引き】 ラディッシュは本葉1枚で2～3cm間隔、本葉3枚で5～6cm間隔に間引く。

【摘心】 バジルは葉が8～10枚（4～5節）になったら、上の2節を切る。下の節からわき芽が伸びるので、長くなったら同様に先端を切って、茎の数を増やす。蕾がついたらまめに摘むとやわらかい葉を長く収穫できる。

【追肥】 施さない。

【収穫】 ラディッシュは、40日程度で根が大きくなったら抜いて収穫。とり遅れると根が割れたり、かたくなったりする。

ポイント

ラディッシュの栽培が終了したら、バジルは別の場所に移植してもよい。わき芽を挿しておくと簡単に株がふやせる。

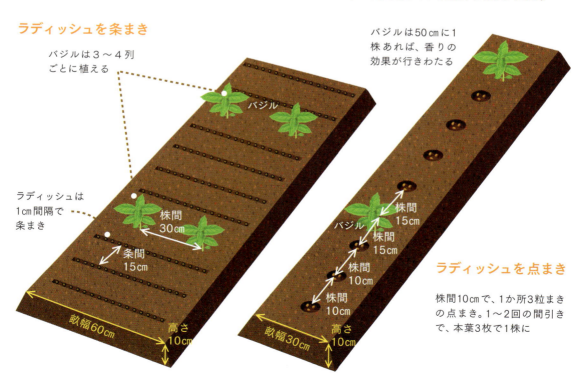

ラディッシュを条まき

バジルは3～4列ごとに植える

ラディッシュは1cm間隔で条まき

株間30cm
条間15cm
畝幅60cm
高さ10cm

バジルは50cmに1株あれば、香りの効果が行きわたる

株間15cm
株間15cm
株間10cm
株間10cm
畝幅30cm
高さ10cm

ラディッシュを点まき

株間10cmで、1か所3粒まきの点まき。1～2回の間引きで、本葉3枚で1株に

ニンジン ✕ エダマメ

生育促進　害虫忌避

夏まき秋どり野菜の名コンビ。肥料分の少ない畑でよく育つ

　どちらも初夏まきで育てます。ニンジンのセリ科独特の香りでエダマメにはカメムシなどの害虫がつきにくくなります。また、ニンジンはキアゲハの幼虫による被害が抑えられます。

　ニンジンは土づくりで堆肥などを鋤き込んで未熟な有機物が残ると肌が汚くなり、品質が低下します。また、肥料分は少ないほうが無理なく根が伸びて太り、おいしくなります。そこでやせた土でもよく育つエダマメの栽培を先行させます。根につく根粒菌の窒素固定により、土が少しずつ肥沃になり、その養分を利用しながらニンジンが育ちます。エダマメの根には菌根菌も共生しやすく、菌糸を伸ばしてニンジンの根とのネットワークをつくり、養分供給を行います。エダマメの開花時にはニンジンの葉が伸びて土を保湿するため、花つき、実つきがよくなります。

栽培プロセス

【品種選び】 ニンジンは特に品種を選ばない。エダマメは早生～中生品種が扱いやすい。ニンジンを遅めにまきたいときは、エダマメは晩生品種にする。

【土づくり】 エダマメの種まきの3週間前に畝立てを行う。堆肥や元肥は施さない。

【種まき】 エダマメは直まきなら3粒をまき、本葉1.5枚（初生葉は含まない）のときに間引きをして2本立ちに。間引きと同時か少しあとにニンジンの種まき。ニンジンは6月下旬～7月中旬にまいて10～11月の秋どりをめざす。

【ニンジンの間引き】 p.76参照。

【追肥】 施さない。

【土寄せ】 エダマメの株元に通路の土を数回、土寄せをすると不定根が伸びて生育がよくなる。

【収穫】 エダマメは莢の中でマメが膨らんできたら収穫。品種によって栽培日数が決まっているのでそれに従う。ニンジンは種まきから100～120日程度が収穫適期。根が太ってきたら収穫する。

ポイント

エダマメは収穫後、地上部を株元で切って、畝の上に敷き、マルチ代わりにして畝を保湿するとニンジンが安定して生育できる。

エダマメの種まき

3粒まきにし、本葉1.5枚で間引いて2本立ちに。発芽直後は鳥に食べられるので、防鳥ネットか不織布で覆う

深さ2～3cm

条間40cm　株間30cm　畝幅70cm　高さ10cm

エダマメを育苗するならポリポットに3粒をまき、発芽後に間引いて2本立ちに。本葉1.5枚で植えつける

ニンジンの種まき

エダマメの間引きと同時か少しあとにニンジンの種まき。条状に浅く溝をつくり、種をばらまく。薄く土で覆い、足で踏みつけるなどして、土と種をしっかり密着させる

畝幅70cm　高さ10cm

梅雨の時期にまけば、発芽の失敗が少ない。空梅雨の場合は種まきから1週間は乾きすぎないように、必要に応じて水やりを行う。1週間して発芽しなければまき直す

ニンジン ✕ ダイコン、ラディッシュ

害虫忌避 生育促進

異なる科の根菜を組み合わせて1つの畝で育てる

　ニンジン、ダイコンともに直根性で競合せず、肥料分が少ない土でよく育つため、1つの畝に混植できます。同じ根菜類でもニンジンはセリ科、ダイコンはアブラナ科と科が異なるため、互いの害虫を忌避することができます。その結果、ニンジンにつくキアゲハの飛来を防ぎ、幼虫による食害が少なくなります。また、ダイコンはモンシロチョウやコナガなどの幼虫、アブラムシによる被害が抑えられます。

　種まきから収穫まではニンジンが100〜120日程度、ダイコンが60〜70日程度。春まきなら3月下旬〜4月中旬にニンジンとダイコンの種を同時にまくことができます。夏まきなら7月中旬〜8月中旬にニンジンをまいて、9月にダイコンをまきます。

応用：ダイコンの代わりにラディッシュを育ててもよい。栽培期間が短いので、ニンジンの生育初期に混植し、ラディッシュ収穫後、ニンジンをのびのびと育てる。

栽培プロセス

【品種選び】春まきの場合はどちらもトウ立ちしにくいものを選ぶ。夏から秋にまく場合は、ニンジンもダイコンも特に品種は選ばない。

【土づくり】種まきの3週間前に畝立てを行う。堆肥や元肥は施さない。

【種まき】ニンジンは条まき。ダイコンは1か所5〜7粒まき。

【間引き】ニンジンは草丈4〜5cmで株間5〜6cm、根の太さが5mmのころ、株間10〜12cmにする。ダイコンは本葉1枚で3本に、本葉3〜4枚で2本に、本葉6〜7枚で1本にする。

【追肥】特に必要ない。

【土寄せ】青首ダイコンの場合、根が地上部にせり上がってきたら、土寄せを行う。

【収穫】ニンジンの収穫は種まきから100〜120日程度が適期。根が太ってきたら収穫する。ダイコンは品種ごとに適した栽培日数で収穫。

ポイント

9月の秋のお彼岸ごろに種をまくと害虫の被害は少なくなる。この場合はニンジン、ダイコンともに同時にまく。ダイコンは12月上旬〜中旬に、ニンジンは12月下旬〜翌年2月に、寒さで甘さが凝縮したおいしいものが収穫できる。

ニンジン ✕ カブ、チンゲンサイ

害虫忌避 生育促進

葉が触れ合う距離で育てて害虫を寄せつけない

　これもセリ科とアブラナ科の組み合わせです。害虫を避けるため、上記のダイコンより条間を狭めて、ニンジンとカブの葉が触れ合う距離で育てます。

　カブ、チンゲンサイともに種まきから50〜60日程度で収穫が可能なので、ニンジンの栽培期間と重なるように、時期を少しずつずらしながらまくとよいでしょう。春まきの場合、ニンジンの種まきスタートの3月下旬から、2度めの間引きの6月上旬ぐらいまで、カブやチンゲンサイをまくことができます。夏から秋はニンジンの種まきを先行し、9〜10月上旬までにカブやチンゲンサイをまきます。

応用：ニンジンとコマツナの混植でもよい。

栽培プロセス

【品種選び】春まきの場合はトウ立ちしにくいものを選ぶ。夏から秋にまく場合は特に品種は選ばない。

【土づくり】種まきの3週間前に畝立てを行う。堆肥や元肥は施さない。

【種まき】いずれも条まき。チンゲンサイは点まきもできる。

【間引き】ニンジンは上記を参照。カブは本葉1枚で株間3cm、本葉3枚で株間5cmになるように間引く。カブの肥大が始まったら、さらに間引いて株間10cm程度に。

【追肥】特に必要ないが、カブやチンゲンサイの葉が黄色くなるなど、生育が悪いようなら、少量のぼかし肥を施す。

【収穫】ニンジンは上記を参照。カブはほどよい大きさになったら、チンゲンサイは株元の葉が肉厚になったら収穫。

ポイント

畝に対して横に条まきして、ニンジンとカブ、チンゲンサイを数列ごと交互に育てても、害虫よけの効果は得られる。

ニンジンとダイコン

夏まきならダイコンは8月下旬以降にまくとよい。9月のお彼岸ごろにまくときは同時に

ニンジンはダイコンの条間に。条状に浅く溝をつくり、種をばらまく。薄く土で覆い、足で踏みつけるなどして、土と種をしっかり密着させる

ダイコン
ダイコンは1か所に5～7粒の点まき

条間40cm
株間30cm
畝幅70cm
高さ10cm

ニンジンとカブ（チンゲンサイ）

2週間程度、まきどきをずらすと長期にわたって収穫ができる

カブ（チンゲンサイ）は種を1cm間隔で条まきにする

ニンジンのまき方は同じ

逆にして、ニンジンを左右に、カブとダイコンを中心に混植してもよい

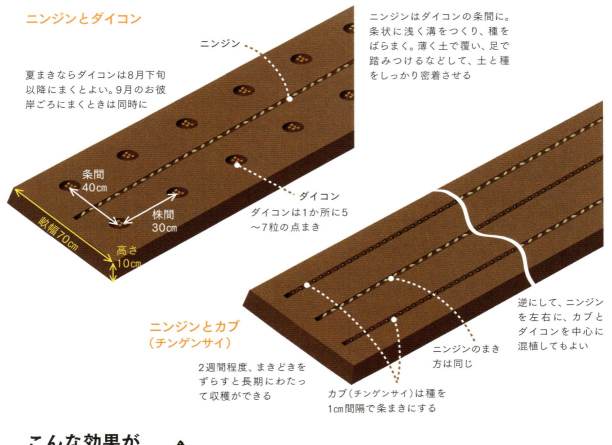

こんな効果が

害虫よけになる
科が異なるので互いの害虫を忌避できる

ニンジン、ダイコン、カブはいっしょに植えてもよい

詰め込み栽培ができる
ニンジンは葉が細かいので、妨げにならない。隣のダイコンやカブなどと葉が触れ合うぐらいでもよい

根の伸びが促される
ダイコンとニンジンは根菜類で深根タイプ。深く根を張り、空気の通りがよくなり、互いに根が伸びやすくなる

カブ　ダイコン　ニンジン

サツマイモ ✕ 赤ジソ

 生育促進　 空間利用　 害虫忌避

吸肥力の強い赤ジソで
つるぼけを抑えて収量アップ

　肥沃な畑に向く混植です。サツマイモは葉や茎（つる）にアゾスピリラムという共生菌がすみつき、窒素固定を行うため、肥料分の少ない土でもよく育ちます。逆に肥料分が多いところで育てると、つるばかりが茂る「つるぼけ」が起こり、イモが肥大しなくなったり、イモができても水っぽくなったりします。

　そこで肥料分をよく吸い集める赤ジソを混植します。土中の肥料分が適度に奪われて、サツマイモはつるぼけを起こさず、葉やつるでつくられた養分が転流してイモが肥大します。

　もう一つは害虫の防除にも役立ちます。アカビロードコガネの幼虫が地中のイモを食害することがあります。成虫は赤ジソの赤い葉色を嫌い、産卵しなくなるため、被害が抑えられます。

栽培プロセス

【品種選び】 サツマイモは特に品種を選ばない。赤ジソ以外のシソは色による害虫忌避効果が期待できない。

【土づくり】 苗の植えつけの2週間前に畝を立てる。高畝がよい。

【挿し穂、植えつけ】 4月下旬～5月下旬に、苗（挿し穂）は先端から葉が4枚程度ついたものを葉を落とさないで土に挿す。縦に挿すと丸くて甘い大きなイモが、横に寝かせて挿すと細長いイモがたくさんつく。赤ジソはサツマイモの株間に植えつける。市販の苗もあるが、植えつけの約30日前に種をポリポットなどにまいて、育苗するとよい。

【追肥】 施さない。

【つる返し】 つるの途中の節が地面と接して根を出すことがある。つるの先端でつくられた糖分が株元に転流できず、イモが肥大しない原因になるので、ときどきつる返しを行う。

【収穫】 植えつけから110日前後で収穫。収穫の2～3週間前に最後のつる返しを行い、また収穫の1週間前につるを刈り取り、養分をイモに転流させるとおいしいイモがとれる。とり遅れるとイモはさらに肥大するが、色や形、味が悪くなる。赤ジソは随時収穫できる。茎の先端を摘心。伸びたわき芽をまた摘心する要領でこんもりと育てる。

ポイント
肥沃な畑では前作にホウレンソウ、コマツナなどの肥料分をよく吸う野菜を育てておく方法もある。残肥が出ないように肥料分は控えることが肝心。

赤ジソは株間に植えつける（p.79のつるなしササゲを混植する場合も、やせた畑であれば同じ位置にまく。1か所3粒の点まき。間引いて1株に）

通路などのつるが伸びるスペースを利用して育ててもよい（つるなしササゲも）

赤ジソ　株間45cm　サツマイモ　畝幅45cm　高さ30cm

こんな効果が

イモが大きくなる
つるぼけを起こさず、光合成でつくられた糖分が転流し、イモに集まりやすくなる

縦に伸びて、サツマイモとすみ分ける

害虫予防にもなる
赤色がサツマイモの害虫、アカビロードコガネを忌避する

赤ジソが余分な肥料を吸収する

サツマイモ X つるなしササゲ

 空間利用　 生育促進　 害虫忌避

やせた土地なら
マメ科の混植でもう1品収穫

　サツマイモはやせた土で栽培するほうが甘みが凝縮し、おいしいイモが収穫できます。産地の徳島県や香川県などでは、河川敷や海岸近くの肥料分が流れやすい砂質土を利用して栽培が行われています。こうした場所では肌も傷まず、良質なイモがとれます。

　サツマイモのつるが占有する広いスペースを利用して、つるなしササゲを育てることができます。ササゲはマメ科で根に根粒菌が共生し、空気中の窒素を同化できるため、やせた土地でもよく育ちます。

応用：つるなしインゲン、エダマメなども混植に利用できる。

栽培プロセス

【品種選び】サツマイモは特に品種を選ばない。ササゲはつるなしの品種を使う。

【土づくり】苗の植えつけの2週間前に畝を立てる。高畝がよい。

【挿し穂、植えつけ】サツマイモはp.78参照。つるなしササゲはサツマイモの株間に、1か所3粒の点まき。

【間引き】つるなしササゲは本葉1～2枚で間引いて1本立ちに。

【追肥】施さない。

【収穫】サツマイモはp.78参照。つるなしササゲは開花期が長く、莢は次々に充実する。莢がカラカラに乾いてきたものから、順次収穫する。放置すると中のマメが落ちるので注意。

ポイント

肥沃な畑でつるなしササゲをサツマイモの株間に混植すると、つるぼけの原因になる。サツマイモのつるを伸ばすために空けておいた通路などに、株元から離してササゲを栽培するとよい。

こんな効果が

スペースが有効利用できる
サツマイモのつるが伸びるスペースでつるなしササゲを育てられる

害虫が少なくなる
サツマイモのつるに囲まれて、カメムシなどの害虫が少なくなる

やせた畑に合う
サツマイモは葉や茎の共生菌による窒素固定で、つるなしササゲは根につく根粒菌による窒素固定で、土に肥料分が少なくてもよく育つ

ジャガイモ × サトイモ

空間利用　生育促進

ジャガイモの土寄せが終わったら、条間や通路でサトイモをスタート

　春植えのジャガイモの収穫期は6月中旬～7月中旬。後作ですぐに育てられる野菜は少なく、8月下旬の秋野菜のスタートまで畑を休ませることが多いようです。この混植はジャガイモの生育途中にサトイモを植えつけ、とぎれなく後作へ移行させる方法です。

　ジャガイモは芽が伸びて、草丈が20cm程度になったら土寄せを行います。さらにその約2週間後、通常であれば5月中旬～下旬に2度めの土寄せを行います。このすぐあとに、条間や通路の低くなった場所にサトイモを植えつけます。位置が低いので土中の水分が保たれるだけでなく、気温が上がり、すでに生育適温になっているので、サトイモはすぐに発根し、2～3週間後には芽が伸び始めます。

　ジャガイモを収穫するころには、サトイモの茎が大きく伸びだしています。収穫で崩したジャガイモの畝の土をサトイモに土寄せします。

栽培プロセス

【品種選び】 ジャガイモ、サトイモともに特に品種は選ばない。
【土づくり】 ジャガイモの植えつけの3週間前に土を耕しておく。特にやせた土でなければ堆肥や元肥は施さない。
【ジャガイモの植えつけ】 ジャガイモはへその部分を切り、さらに縦切りにして40～60gの種イモをつくる。数日おいて、切り口を乾かしてから、植えつける。
【芽かき】 伸びだした芽が多いと、できるイモが小さくなるので、弱い芽をかき取り、2～3本残す。
【ジャガイモの土寄せ】 草丈20cm程度になったら、1度めの土寄せ。さらにその2週間ほどあとに2度めの土寄せを行う。
【サトイモの植えつけ】 ジャガイモの条間や通路の中央にサトイモの種イモを植えて、種イモの上を5～7cm程度土で覆う。
【ジャガイモの収穫】 茎や葉が枯れたら、掘り上げる。
【サトイモの土寄せ、追肥】 ジャガイモの収穫で崩した畝の土をサトイモの株元に寄せる。表面にぼかし肥か米ぬかを施し、軽く混ぜる。梅雨明けに土が乾かないように、早めに敷きわらなどで畝を覆うとよい。
【サトイモの収穫】 11月初旬～中旬、霜にあたる前に収穫。

ポイント
サトイモは6月下旬植えでも十分収穫できるので、ジャガイモの早生品種を育て、収穫後、すぐにサトイモを植えつけてもよい。

1 ジャガイモの植えつけ

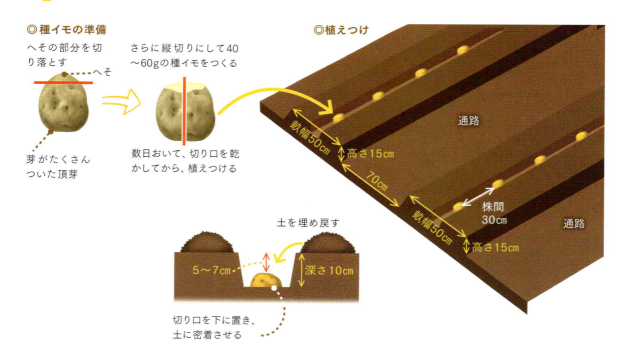

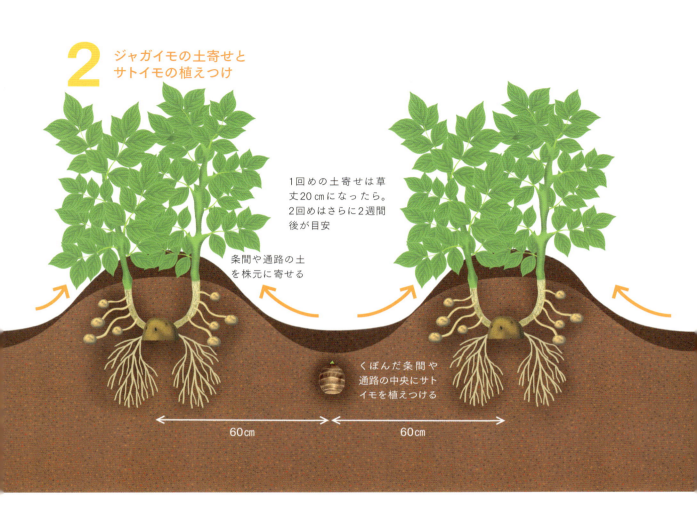

ジャガイモ ✕ アカザ、シロザ

 病気予防 生育促進 害虫忌避

畑に生える雑草を生かして
病気に強い株を育てる

　ジャガイモを植えつけるため、2月下旬～3月上旬に土を耕して畝を立てると、春から夏の雑草のアカザやシロザが生えてきます。どちらも直根性で根を深く伸ばし、葉が地表を覆って保湿できるため、ジャガイモの生長が促されます。泥はねが減り、疫病の発生が少なくなる効果もあります。

　ジャガイモのウイルス病の発生も抑えられます。ウイルスはアブラムシによって媒介されますが、アカザやシロザはアブラムシに吸汁されてウイルスが感染しても、その部分の細胞が壊死するだけで拡大しません。アブラムシは何度か吸汁を繰り返すとウイルスが少なくなり、無毒化されます。そのあとジャガイモに移動して吸汁しても、ウイルス病が伝染することはありません。

栽培プロセス

【品種選び】 特に品種は選ばない。

【土づくり】 ジャガイモの植えつけの3週間前に土を耕しておく。特にやせた土でなければ堆肥や元肥は施さない。

【植えつけ】 ジャガイモはへその部分を切り、縦切りにして40～60gの種イモをつくる。数日おいて、切り口を乾かしてから、植えつける。切り口を上にして置く「逆さ植え」にすると、のちの生育がよく、収量も増える。

【芽かき】 p.80参照。逆さ植えにすると通常、自然に強い芽が2～3本選ばれて残るので、芽かきは必要ない。

【ジャガイモの土寄せ】 草丈20cm程度になったら、1度めの土寄せ。さらにその2週間ほどあとに2度めの土寄せを行う。

【追肥】 特に必要ない。

【収穫】 地上部が枯れたら、イモを掘り上げる。

ポイント

北海道の秋収穫のジャガイモでは、昔からギシギシの草生栽培が行われている。テントウムシダマシの天敵のすみかになるとともに土の温度や水分が一定に保たれ、ジャガイモがよく育つ。ギシギシは養分を多く含むので、草丈が高くなったら、刈って敷くと緑肥代わりにもなる。

◎ジャガイモの逆さ植え

芽は下側から出て、上向きに伸びる。ほどよいストレスを受けるので抵抗性が高まり、病害虫や気候の変化に強くなる

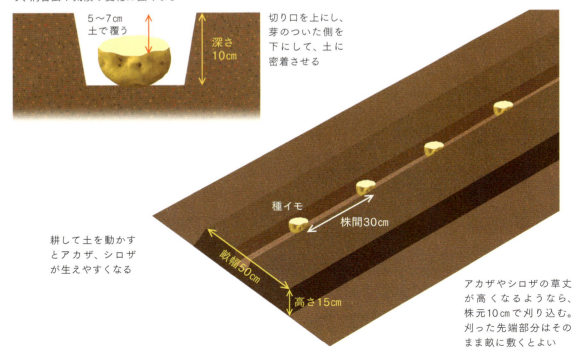

耕して土を動かすとアカザ、シロザが生えやすくなる

アカザやシロザの草丈が高くなるようなら、株元10cmで刈り込む。刈った先端部分はそのまま畝に敷くとよい

秋ジャガイモ × セロリ

 空間利用 生育促進

ジャガイモの条間の日陰で
やわらかいセロリを育てる

　ジャガイモとサトイモ（p.80）同様に、ジャガイモの条間でもう1種類、別の野菜を育てる方法です。ただし、異なるのは、この組み合わせは「春ジャガ」ではなく、「秋ジャガ」で行うことです。

　秋ジャガは通常、9月上旬に植えつけ、11月下旬〜12月中旬に地上部が完全に枯れてから収穫します。セロリは7月上旬〜9月上旬まで植えつけられ、収穫時期は11月上旬〜12月中旬なので、ちょうど秋ジャガの栽培期間に合わせることができます。

　セロリは、水分が豊富で日陰がちの環境で徒長ぎみに育てるのがコツです。特に栽培後半に遮光することで、葉柄が白くてやわらかなおいしいセロリに育ちます。秋ジャガの条間で育てると、太陽の角度が低い時期なので日陰の時間が長く、条間の低い位置なので水分も豊富で、自然に良質なセロリに育ってくれます。

栽培プロセス

【品種選び】ジャガイモは『デジマ』『アンデス赤』など、秋植えに適した品種を選ぶ。セロリは特に品種は選ばない。

【土づくり】植えつけの3週間前までに耕して、畝を立てておく。堆肥や元肥は施さない。セロリを植える条間の部分も耕しておく。

【植えつけ】ジャガイモの種イモは40〜60g。秋ジャガの場合、種イモを切ると腐敗しやすくなるので、小ぶりなものを丸ごと植える。セロリはジャガイモの条間に植えつける。

【ジャガイモの土寄せ】草丈20cm程度になったら、1度めの土寄せ。さらにその2週間ほどあとに2度めの土寄せを行う。

【追肥】セロリには植えつけ1か月後に少量のぼかし肥を追肥する。以後も3週間に1回を目安に追肥すると、生育が早くなって徒長ぎみに育ち、葉柄がやわらかくなる。

【収穫】ジャガイモは地上部が枯れてから、一度に掘り上げる。低温が続くとイモが傷むことがあるので注意。セロリの収穫は草丈が30cm以上になったら、株元で切って株ごと収穫するか、長く伸びた外葉からかき取る。

ポイント

乾燥しやすい場合はセロリの株元に敷きわらをしておく。また、セロリの葉柄を真っ白にしたければ、株元を段ボールなどで覆う。

こんな効果が

サトイモ ✕ ショウガ

生育促進　空間利用

水分を好むもの同士を混植して収量アップ

　サトイモとショウガはどちらもアジアの熱帯地域が原産地とされ、生育適温は25〜30℃と高く、水分の多い場所を好みます。栽培期間がほぼ同じなので、1つの畝に植えつけて、いっしょに育てることができます。

　梅雨の高温多湿の時期にサトイモは葉を大きく広げ、周囲に日陰をつくります。東西畝にあらかじめサトイモの北側にショウガを植えておくと、梅雨明け後の強い日ざしをサトイモの葉で避けることができ、ショウガがよく育ちます。

　また、南北畝で育てるときはサトイモを単独で植えるときと同じ株間にし、その株間に詰め込むかたちでショウガを植えつけます。サトイモとショウガは競合しないだけでなく、単独で育てたときよりもどちらも収量がアップします。

栽培プロセス

【品種選び】 サトイモもショウガも特に品種は選ばない。

【土づくり】 植えつけの3週間前に土を耕して畝を立てる。どちらも肥料分が少なくてもよく育つが、必要なら完熟堆肥かぼかし肥を施してもよい。

【植えつけ】 適期は4月中旬〜5月中旬。サトイモは種イモを植えて、種イモの上を5〜7cm程度土で覆う。芽の出る側を下にする「逆さ植え」にすると旺盛に育ち、収量がさらに増える。ショウガはサトイモの株間に植える。種ショウガは50g前後に必ず手で折って分け、3個をまとめて植える。

【追肥、土寄せ】 サトイモの茎葉が3枚のころとその1か月後に、畝の表面にぼかし肥か米ぬかを施し、軽く混ぜる。5月下旬〜6月中旬に1度めの土寄せ。さらに1か月後にも土寄せをする。梅雨明けに土が乾かないように、早めに敷きわらなどで畝を覆い、保湿するとよい。「逆さ植え」の場合、土寄せは不要。

【収穫】 サトイモもショウガも11月上旬〜中旬の霜が降りる前に収穫する。

ポイント

ショウガは用途に合わせて、矢ショウガ、葉ショウガなどでも収穫することができる。早めに収穫したあとも、引き続きサトイモを育てる。

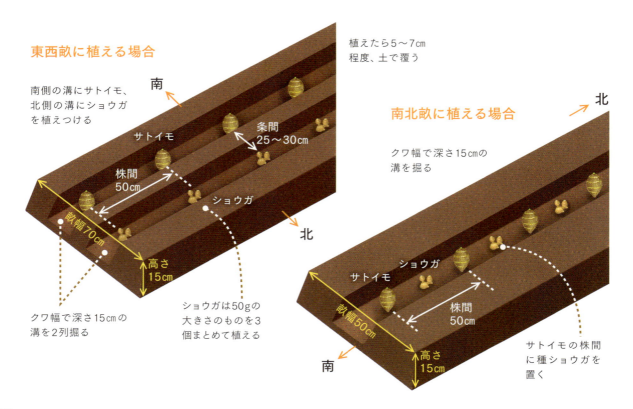

こんな効果が

ショウガの
日よけになる
サトイモの葉がつくる日陰で、真夏でも土が保湿されてショウガがよく育つ

サトイモ

ショウガ

根はどちらも横にはあまり伸びないので、競合しない

どちらも食用部がよく育ち、収量が増える

サトイモ X ダイコン

空間利用　生育促進

サトイモの日陰を利用して
貴重な「夏ダイコン」を収穫

　ダイコンの栽培は、3月下旬〜4月下旬に種をまいて、6月下旬〜7月下旬に収穫する「春ダイコン」。そして8月下旬〜9月下旬に種をまいて、10月下旬〜翌年2月まで収穫する「秋冬ダイコン」が一般的です。「夏ダイコン」がないのは、ダイコンの生育適温が20℃前後で、25℃を超えると生育が鈍ること、病害虫の発生が多くなることなどが理由です。

　サトイモの日陰を利用して、涼しい環境をつくることで、夏にもダイコンを育てられます。サトイモの2度めの土寄せが終わる6月中旬〜7月中旬の梅雨の間にサトイモの株間やわきにダイコンの種をまくと、梅雨明けにはサトイモは茎葉を大きく広げ、しっかりと日陰をつくってくれ、8月中旬〜9月下旬に貴重な夏ダイコンが収穫できます。

栽培プロセス

【品種選び】 サトイモは特に品種を選ばない。ダイコンは夏栽培に向いた病害虫に強い品種を選ぶとよい。

【土づくり】 サトイモの植えつけの3週間前に土を耕して畝を立てる。肥料分が少なくてもよく育つが、必要なら完熟堆肥かぼかし肥を施してもよい。

【サトイモの植えつけ】 適期は4月中旬〜5月中旬。サトイモは種イモを植えて、種イモの上に5〜7cm程度土で覆う。芽の出る側を下にする「逆さ植え」にすると旺盛に育ち、収量がさらに増える。

【サトイモの追肥、土寄せ】 p.84参照。

【ダイコンの種まき】 6月中旬〜7月中旬にサトイモの株間か脇に種まきを行う。梅雨明けに土が乾かないように、敷きわらなどで畝を覆う。

【ダイコンの間引き】 ダイコンは本葉1枚で3本に、本葉3〜4枚で2本に、本葉6〜7枚で1本にする。

【収穫】 ダイコンは種まきから60〜70日で収穫。放置すると割れたり、病気になりやすい。サトイモは11月上旬〜中旬の霜が降りる前に収穫する。

ポイント

東西畝ではサトイモの日陰になるように北側にダイコンの種をまく。南北畝ではサトイモの株間か、わきなら東側に種をまいて西日を避ける。

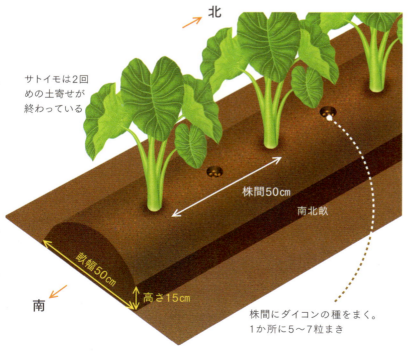

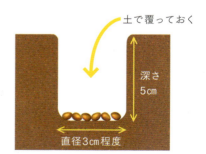

サトイモ ✕ セロリ

空間利用　害虫忌避　生育促進

株元で軟白野菜を育てながら害虫防除にも役立てる

　セロリは単に畝に植えつけて育てていると、株は横に広がったままで、葉も茎も緑のまま、かたく締まった状態になります。おいしいセロリを育てるコツは、強い日光に当てず、乾燥を避けて、徒長ぎみに育てることです。生産者はメインに食用にする葉柄を寒冷紗や段ボールなどで覆い、白く、やわらかくしています。

　簡単な方法は、セロリをサトイモの株間の日陰で育てることです。原理はサトイモとダイコン（p.86）の場合と同じで、サトイモの大きく広がった茎葉が日よけになり、自然に株立ちぎみに育ち、葉柄部分がやわらかくなります。

　セロリはセリ科で強い香りがあります。混植することで、サトイモにつく害虫を忌避する効果もあります。

応用： セロリの代わりに、パセリを育てる方法もある。パセリもやや日陰のほうがかたくならず、苦みも抑えられて、良質のものが収穫できる。

栽培プロセス

【品種選び】 サトイモ、セロリともに品種は特に選ばない。
【土づくり】 p.84参照。
【サトイモの植えつけ】 p.84参照。
【サトイモの追肥、土寄せ】 p.84参照。
【セロリの植えつけ、種まき】 セロリはサトイモの土寄せが終わったあとの7月中旬〜8月中旬にサトイモの株間に植えつける。市販苗も利用できるが、苗をつくるときは5月下旬〜6月上旬に種を丸一日水につけてから、湿らせたガーゼやふきんなどに包み、涼しい日陰に置いて発根を促してからまくとよい。発芽後、本葉3枚程度になったら、植えつけられる。
【敷きわら】 セロリの植えつけ後は敷きわらをして保湿する。
【収穫】 セロリの収穫は草丈が30cm以上になったら。株元で切って株ごと収穫するか、長く伸びた外葉からかき取る。サトイモは11月上旬〜中旬の霜が降りる前に収穫する。

ポイント
セロリの葉柄を真っ白にしたければ、株元を段ボールなどで覆うとよい。

こんな効果が

イチゴ × ニンニク

生育促進　病気予防　害虫忌避　空間利用

イチゴの開花が早くなり
収穫期間が延びて収量が増える

　イチゴのそばにニンニクを植えると、ほどよいストレスとなり、イチゴは株立ちぎみに育ちます。春には、葉や茎を伸ばし、体をつくる「栄養生長」から、花や実をつける「生殖生長」に早く切り替わりますが、単植と比べて、1〜2週間早く花が咲き始め、つく花の数が増えて、収穫期間が延びた結果、果実も多くとれます。

　ニンニクのにおい成分でもあるアリシンは殺菌作用があり、根には抗生物質を出す微生物が共生するため、イチゴの病気（萎黄病、炭疽病、灰色かび病など）が抑えられます。またイチゴにはアブラムシがつきにくく、アブラムシが媒介するウイルス病にかかりにくいので、次期の苗づくりにもプラスになります。植え方はp.89を参照してください。

応用：ニンニクの代わりに長ネギを用いてもよい。

栽培プロセス

【品種選び】イチゴ、ニンニクともに特に品種は選ばない。
【土づくり】植えつけの3週間前までに完熟堆肥とぼかし肥などを施し、よく耕しておく。
【植えつけ】9月中旬〜10月下旬にイチゴの苗を植えつける。同時にイチゴの株間か条間にニンニクを植えつける。
【追肥】11月上旬と2月下旬にぼかし肥を1回ずつ施す。
【収穫】ニンニクは4月ごろに花茎が伸びてくるので、途中で切って、茎ニンニクとして利用する。イチゴは5月上旬〜6月中旬ぐらいまで収穫が続く。ニンニクは地上部の8割が枯れたら、掘り上げる。

ポイント

イチゴは収穫後、次々とランナーを伸ばす。ランナーの先につく子株を用土を入れたポリポットにピンなどで固定し、次期の苗づくりをする。1番めの子株は親株から病気を受け継いでいる可能性があるので、2番めか3番め以降の苗を使う。ニンニクを掘り上げた場所に葉ネギを移植すると、ニンニクと同様の病害虫の予防になり、健全な子株が育てられる。

こんな効果が

イチゴ ✕ ペチュニア

生育促進

訪花昆虫を呼び集めて
受粉させて確実に実をつける

　イチゴは、ときどき形のいびつな果実がとれることがあります。これは雌しべに十分花粉がつかない「受粉不良」を起こしたためです。確実に受粉させて、形のきれいな果実を作るには、花が咲くたびに筆や綿棒などで花粉を雌しべにつける人工授粉を行う方法もありますが、ミツバチなどの訪花昆虫が頻繁に訪れるような環境づくりをすることが先決です。

　訪花昆虫は、花が発する香りとともに花色を目印にしてやってきます。そこで、色鮮やかな花が咲くペチュニアをイチゴの近くで育てます。ペチュニアはちょうどイチゴの花が咲くころに、次々と、とぎれることなく花をつけて、訪花昆虫を呼び集めます。

応用：春に花が咲き、訪花昆虫を呼べる草花や鉢花なら、ペチュニアの代わりになる。

栽培プロセス

【品種選び】イチゴは特に品種を選ばない。ペチュニアは市販苗を利用するのが便利。種から育てて4月のイチゴの開花に間に合わせるには、9〜10月に種をまいて、保温しながら冬越しする必要がある。

【土づくり】p.88参照。

【イチゴの栽培】p.88参照。

【ペチュニアの植えつけ】4月上旬にイチゴの畝のところどころに植えつける。寒風や遅霜にあたると傷むことがあるが、草丈の高いイチゴの陰で守られていると意外に強い。

【収穫】p.88参照。

ポイント

タイ北部のイチゴ畑では、パクチーとの混植を行っている。パクチーは10〜11月に種をまいて室内などで冬越しさせると3月中旬には植えつけられる。温かい地方なら、畑で冬越しもできる。3〜4月の春まきは開花がイチゴの開花時期に間に合わず、訪花昆虫を呼べないが、独特の香りで害虫の忌避には役立つ。

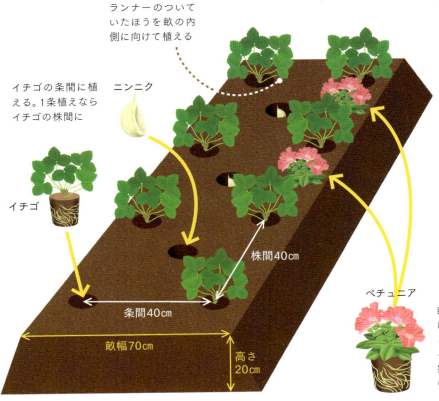

赤ジソ ✕ 青ジソ

害虫忌避

色と香りの違いで互いの害虫が忌避できる

　分類学上は赤ジソも青ジソもエゴマの変種で、きわめて近い仲間ですが、食用してみると味も香りも微妙に違い、料理の用途も異なっています。不思議なことに、赤ジソと青ジソでは害虫が異なっています。科学的にはよくわかっていませんが、害虫は香り成分や色で自分の好みのものを見分け、嫌いなものは避けているのでしょう。そのため、赤ジソと青ジソを混植すると、互いに害虫による被害が抑えられます。

　注意が必要なのは、近い仲間なので、混植した状態で花を咲かせると交雑が起こりやすいことです。その種を採ってまくと、赤と緑が混ざって濁った葉色になったり、香りがあまりしなくなったりします。種採りをするときは混植しないようにします。

栽培プロセス

【品種選び】 特に品種は選ばない。

【苗づくり】 育苗箱などに浅い溝をつくり、株間1cmで条まきし、ごく薄く土で覆う。

【土づくり】 植えつけの3週間前までに完熟堆肥とぼかし肥などを施し、よく耕しておく。

【植えつけ】 本葉6枚程度で植えつける。条間60cmで隣り合わせて植えつけるとよい。

【追肥、敷きわら】 草丈20cmになったら、ぼかし肥か油かすを施す。夏の乾燥から守るため、株元に敷きわらをする。

【収穫】 本葉10枚以上で下葉から収穫が行える。頂部の生長点近くのやわらかい葉をどんどん収穫すると、生育が悪くなる。本葉7～8枚で頂部を摘心して、わき芽を伸ばしてこんもりとした株に育て、少しずつやわらかい葉を収穫する方法もある。

ポイント

葉だけでなく、花穂を摘んで穂ジソとしたり、「シソの実」として収穫したりできる。種がこぼれやすく雑草化しやすいので注意する。

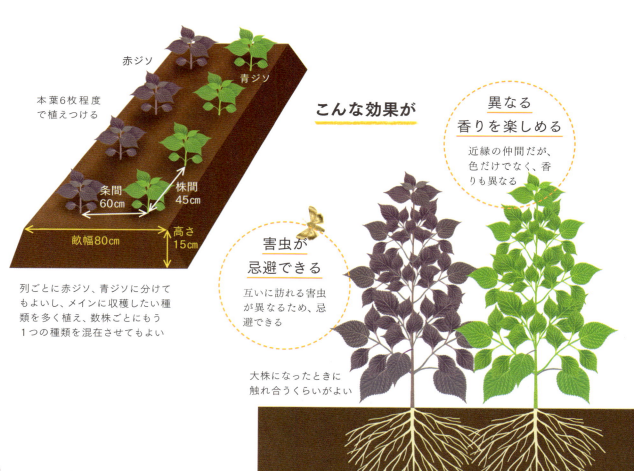

ミョウガ ✕ ローズマリー

空間利用　生育促進

排除型のローズマリーの株元でなぜかミョウガだけが育つ

　ローズマリーは香りの強いシソ科の常緑低木で、先端のやわらかい枝を葉をつけたまま切って、ハーブとして利用します。地植えで何年も栽培していると樹高が少しずつ伸びて、ブッシュ状の株になります。アレロパシー（他感作用）が強いためか、株元の広い範囲でほかの植物が寄りつかず、裸地の状態になります。

　そのアレロパシーの影響を受けない、おそらく唯一の例外ともいえるのが、ミョウガです。ローズマリーの株元にミョウガの種株を植えつけると、芽吹いて茎葉を伸ばし、何事もなかったように生長します。科学的には解明されていない不思議な現象ですが、相性がよいからこそ、なにも育てられなかった場所でもう1品多く育てることができる、コンパニオンプランツの基本を教えてくれる貴重な組み合わせといえるでしょう。

栽培プロセス

【品種選び】ミョウガ、ローズマリーともに特に品種を選ばない。

【土づくり】日当たりのよい場所を選ぶ。水はけ、風通しのよい場所がよい。植えつけの1週間以上前に耕しておく。やせた畑なら完熟堆肥とぼかし肥を施してもよい。

【ローズマリーの栽培】購入苗を利用するか、すでに育っているローズマリーの枝の先端を7～8cm切り、挿し木して苗をつくる。2～3週間で発根し、植えつけられる。適期は4～6月。20cm程度まで枝が伸びたら、先端を切り戻す。わき芽が伸びるが、収穫を兼ねて随時切り戻していく。

【ミョウガの栽培】植えつけの適期は3月中旬～4月上旬。ローズマリーがすでに育っている株元で、幹から20cm程度離して植えつける。半日陰を好むので、夏の真昼の日光が避けられる場所がよい。

【追肥】肥料を施さなくても、どちらもよく育つ。

【敷きわら】ローズマリーは水はけがよい場所を好むが、ミョウガは乾燥を嫌う。乾燥しやすい場所なら、ミョウガの周囲に敷きわらを行う。

【収穫】ローズマリーは新しく伸びたやわらかい枝の先端を切って利用する。ミョウガは1年めは秋、2年め以降は夏に花ミョウガとして収穫。

ポイント

ローズマリーは次第に大きくなるので、ミョウガは3年程度たったら、種株を掘り上げて、少しずつ外側に植え場所を広げる。

こんな効果が

ローズマリー

ローズマリーの株元には通常、なにも生えない

10cm　20cm

ミョウガの種株は株元から20cm程度離して植えつける

ミョウガ

アレロパシーに強い
ミョウガにはローズマリーのアレロパシーを無力化する何らかのしくみが備わっていると考えられる

株元でよく育つ
半日陰を好むミョウガにとって、ローズマリーの株元は適した環境

少しずつ株が大きくなる

バンカープランツ、障壁作物、縁取り作物の使い方

畑全体の環境を整えて、生物の多様性を保ち、野菜や果樹が育ちやすくする方法の一つに、バンカープランツ（おとり作物）や障壁作物（バリアープランツ）、縁取り作物（ボーダープランツ）の利用があります。
これらも広い意味でコンパニオンプランツと考えることができます。

天敵の温存から虫よけ、動物よけ、風よけまで

　デントコーン、ソルゴー、ベチベル、ヒマワリ、クロタラリア、エンバク、キンレンカ、マリーゴールド、コスモスなどはいずれも生育が旺盛で、これらの作物に発生する害虫を餌にする天敵（クモ、カマキリ、テントウムシ、クサカゲロウ、カブリダニ、ハナカメムシ、アブラバチ、ヒラタアブなど）が繁殖しやすく、畑で栽培する野菜への天敵の供給源になります。

　生長すると草丈が高くなるデントコーン、ソルゴー、ベチベル、ヒマワリ、クロタラリアなどを畑を取り囲むように植えると、外部から害虫の侵入を防ぐ障壁となり、また風上と風下に植えると強風よけにもなります。ハーブのローズマリーやラベンダーは縁取り作物にも用いることができます。独特の香りで害虫を忌避しつつ、同時に花でミツバチなどの訪花昆虫を呼び寄せ、キュウリやカボチャ、オクラ、イチゴなどの受粉を助けます。

　また、害獣よけに用いられる植物もあります。ヒガンバナ、スイセンなどを畑や田んぼの縁取り作物として植えつけると球根に有毒物質を持つため、モグラや野ネズミの侵入を防ぐことができます。

バンカープランツの種類と期待される効果

バンカープランツ	期待される効果
赤クローバー	うどんこ病菌の寄生菌をふやす
エンバク	多くの天敵をふやす
オオバコ	うどんこ病菌の寄生菌をふやす
ムラサキカタバミ	ハダニの天敵をふやす
カタバミ	ハダニの天敵をふやす
カラスノエンドウ	アブラムシ、ハダニの天敵をふやす
ギシギシ	テントウムシダマシの天敵をふやす
キスゲ	カイガラムシの天敵をふやす
キンレイカ	アブラムシ、ハダニ、スリップスの天敵をふやす
クリムソンクローバー	スリップス、アブラムシの天敵をふやす
コスモス	多くの天敵をふやす。訪花昆虫を呼ぶ
シロツメクサ	ヨトウムシの天敵をふやす
ソルゴー	多くの天敵をふやす
ムギ類	多くの天敵をふやす。うどんこ病菌の寄生菌をふやす
マリーゴールド	多くの天敵をふやす。訪花昆虫を呼ぶ
クロタラリア	多くの天敵をふやす
ヒマワリ	多くの天敵をふやす。訪花昆虫を呼ぶ
ヨモギ	アブラムシ、ハダニ、スリップスの天敵をふやす
トウモロコシ	多くの天敵をふやす
デントコーン	多くの天敵をふやす
ラベンダー	多くの天敵をふやす。訪花昆虫を呼ぶ
ローズマリー	多くの天敵をふやす。訪花昆虫を呼ぶ
ベリー類	多くの天敵をふやす

バンカープランツ、障壁作物栽培の例

ピーマン×ソルゴー
ピーマンの隣にソルゴーを障壁作物として植えた例。ソルゴーが外からの害虫の侵入を防ぎ、同時に天敵のすみかとなって、ピーマンのハダニなどの害を防ぐ

カボチャ×デントコーン
開けた場所では草丈の高いデントコーンが風よけに有効。スイートコーンなどよりも栽培日数が長く、長期間にわたって障壁の役割を担うことができる

ハクサイ×エンバク
ハクサイの畝間の通路でエンバクを育てている例。天敵のすみかとなり、ハクサイの害虫被害を少なくする。同時に根こぶ病の病原菌を減らす

●エンバクによるバンカープランツ

天敵のすみかになる
害虫もやってくるが、天敵もふえて、野菜の害虫を食べるようになる

土を保湿する
葉が広がり、地表に陰ができて、土が乾燥しにくくなる

アブラナ科の病気予防に
アベナシン（サポニンの一種）という抗菌物質を分泌し、アブラナ科の土壌病害である根こぶ病を防ぐ

緑肥としても活用できる
秋には枯れて地表を覆う。根の量も多く、土に大量の有機物を補給でき、土づくりにも役立つ

通路で育てる。作業で踏みつけると、多少葉が傷むが、すぐに回復して生育する

エンバク　ハクサイ　エンバク　キャベツ　エンバク

●ソルゴーによる障壁

3〜4条植える
畑全体を取り囲んでもよい

害虫からの目隠しになる
草丈が高く、カメムシ、コガネムシ、ヨトウムシなどに野菜が見つかりにくい

天敵のすみかになる
害虫もやってくるが、天敵もふえて、野菜の害虫を食べるようになる

風よけとして
風上、風下に植えると強風が防げる

緑肥としても活用
枯れたら短く刈り込んで鋤き込めば、土の中の有機物を増やすことができる

風上　陰になりやすいが、耐陰性のある野菜ならよく育つ　ナスはソルゴーから離して日当たりを確保する　風下

ソルゴー　キャベツ　ナス　コマツナ　ソルゴー

●ラベンダーによる縁取り

虫よけとして
風上、風下に植えることで、畑全体をラベンダーの香りで覆い、害虫よけになる

天敵をふやす
こんもりと生い茂って天敵のすみかとなり、野菜の害虫を減らすことができる

訪花昆虫を集める
花の蜜を求めて、ミツバチなどが訪れる。これらの訪花昆虫は同時に果菜類などの受粉も行う

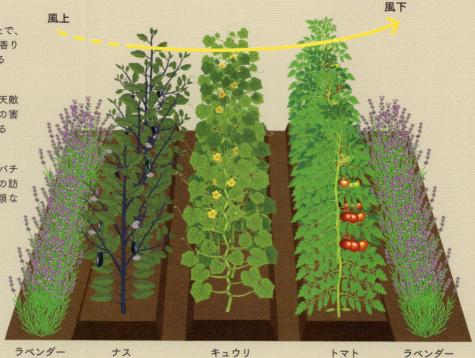

●ヒマワリによる縁取り

虫よけ、風よけとして
大型品種のヒマワリは障壁作物として虫よけ、風よけにも利用できる。天敵もふやす

花が害虫も益虫も集める
花が訪花昆虫を呼び寄せて、野菜の受粉に役立つ。害虫のスリップスやコガネムシなどを引き寄せて、野菜への被害を軽減させる

土中のリン酸分を溶かす
根は土中の不溶性リン酸分を溶かして、ほかの植物が吸いやすい状態に変える能力が高く、肥料の削減にも役立つ

順番に育てる コンパニオンプランツ

[リレー栽培]

ある野菜のあとにこの野菜を育てるといった、「前作・後作」の組み合わせで相性のよいものを紹介します。組み合わせによって、後作の土づくりが不要になったり、病害虫や連作障害の防止になったりする、効率のよい栽培法です。

エダマメ ➡ ハクサイ

生育促進

エダマメが肥沃にした土で
肥料食いの結球野菜がよく育つ

　エダマメの根には根粒菌が共生して根粒を作り、空気中の窒素を取り込んで養分に変えます。根粒は一定の期間で根から脱落して分解し、畑に豊富な養分をもたらします。

　そのため、後作はどの野菜でもよく育ちますが、なかでもおすすめなのは、比較的肥料分を多く必要とするハクサイです。エダマメの早生品種を4月下旬～5月中旬にまくと、7月中旬～8月中旬には収穫できます。エダマメの根や地上部の一部を鋤き込んで畝を立て、2～3週間かけて分解させます。

　ハクサイは植えつけ直後から豊富な養分を吸収でき、初期の生育がよくなって葉が大きく生長し、結球しやすくなります。

応用： ハクサイのほかアブラナ科の野菜全般のリレー栽培に応用できる。

栽培プロセス

【品種選び】 エダマメは早生～中生品種を用いる。晩生品種はハクサイの植えつけ時期までに収穫できない。ハクサイは特に品種を選ばない。

【エダマメの栽培】 p.42～45を参照。収穫時は株元で切って、根を残す。枝や葉の残渣があればその場に残す。

【リレー時の土づくり】 エダマメの収穫後、根や残渣を鋤き込んで畝を立てる。夏の気温の高い時期なので、根や残渣は2週間程度で分解し、土の微生物相が安定するが、ハクサイの植えつけまで3週間あけると安全。

【ハクサイの植えつけ】 ハクサイは8月下旬までにポリポットなどに種をまいて育苗。植えつけは9月中旬～下旬。

【追肥】 ハクサイの外葉の生育ぐあいを見て、必要であれば、ぼかし肥などを追肥。

【収穫】 エダマメは莢の中でマメが膨らんできたら収穫。ハクサイは球の頭を押さえてかたく締まっていたら、株元から切り取る。

ポイント

ハクサイはエダマメの根や残渣がしっかり分解し、硝酸態窒素になったものを好んで吸収して生長する。キャベツやブロッコリーなどの場合は、比較的未熟な有機物からでも分解・吸収が得意なので、エダマメの根を土中に残したまま、耕さずに苗を植えつけても十分よく育つ。

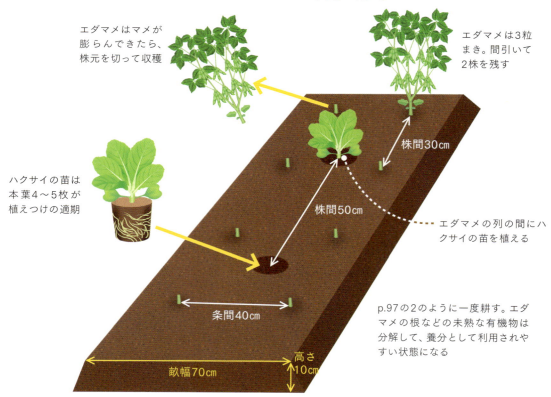

エダマメはマメが膨らんできたら、株元を切って収穫

エダマメは3粒まき。間引いて2株を残す

ハクサイの苗は本葉4～5枚が植えつけの適期

株間30cm

株間50cm

エダマメの列の間にハクサイの苗を植える

条間40cm

畝幅70cm

高さ10cm

p.97の2のように一度耕す。エダマメの根などの未熟な有機物は分解して、養分として利用されやすい状態になる

1　エダマメの収穫
7月中旬～8月中旬

収穫するときは株元で切って、根を残すとよい。不要な地上部の葉や茎を取り除き、その場に残してもよい

根粒の中には根粒菌が共生し、空気中の窒素を同化して養分（アンモニア態窒素）に変えている

根粒菌は新しい根につく。古くなった根粒は脱落して、土中に豊富な養分をもたらす

2　ハクサイの土づくり
8月下旬～9月上旬
（苗の植えつけの3週間前）

鍬で深さ10～15cm程度、軽く耕して、エダマメの根や残渣を鋤き込み、分解を促す

根の深い部分はそのまま残るが問題はない。徐々に分解し、ハクサイの根の通り道になる

3　ハクサイの植えつけ
9月中旬～下旬

外葉の生育が悪いようなら、10月中旬と11月上旬に株の周囲にぼかし肥を施す

微生物が一気にふえてエダマメの根などの有機物を分解するが、2～3週間たつとほぼ分解も終わり、微生物相も落ち着く。養分としてハクサイが利用しやすい状態になっている

4　ハクサイの収穫
11月下旬～

大きな外葉で光合成ができると、葉の枚数が増えて、結球しやすくなる

有機物は十分に分解され、ハクサイに養分として活用されている

エダマメ ➡ ニンジン、ダイコン

生育促進

堆肥を施さずにリレー。
根菜類の肌がきれいに育つ

　ニンジンやダイコンなどの根菜類はエダマメと相性がよく、古くから農家で行われてきた「リレー植え」の定番とも言える組み合わせです。

　ニンジンもダイコンも肥料分は少なくてもよく育ちます。栽培前によく耕すなど土づくりは必要ですが、このときに堆肥や肥料を多く土に混ぜると、未熟な有機物や肥料の塊が残り、また根や根の表面の汚れや傷みの原因になります。

　前作にエダマメを育てた場所なら、根粒菌の働きで畑は十分に肥沃になっていて、元肥に堆肥や肥料を施す必要はありません。エダマメを根ごと抜いて耕し、ニンジンやダイコンの種をまけば、すくすくと育ち、同時に肌のきれいな品質のよいものが収穫できます。

応用： 根菜類ではゴボウなどにも応用できる。

栽培プロセス

【品種選び】 エダマメは早生～中生品種を選ぶ。ニンジンは『五寸ニンジン』以下の大きさの品種。夏早めにまく長根の品種はリレーしづらい。ダイコンは特に品種を選ばない。

【エダマメの栽培】 p.42～45を参照。収穫時に根ごと掘り上げる。

【リレー時の土づくり】 エダマメの収穫後、堆肥や元肥は施さないで耕す。ダイコンの場所は深めに耕しておく。

【ニンジン、ダイコンの種まき】 土づくりから3週間程度たってから種まきを行う。ニンジンは浅めの溝に種をばらまき、ごく薄く土で覆ったあと、足で踏んで種と土をしっかり密着させる。ダイコンは点まきで1か所5～7粒をまく。

【間引き】 ニンジンは草丈4～5cmで株間5～6cmに。根が直径5mm程度になったら、株間10～12cmに間引く。ダイコンは本葉1枚で3本、本葉3～4枚で2本、本葉6～7枚で1本に間引く。

【追肥】 行わない。

【収穫】 太くなったものから収穫。ダイコンは1月いっぱいまでにすべて掘り上げる。長く置くとスが入るので注意。ニンジンは3月上旬まで収穫できる。

ポイント

ダイコンはアブラナ科、ニンジンはセリ科。互いに害虫が異なるため、混植すると忌避効果がある。通常、ニンジンは7月下旬～9月中旬、ダイコンは8月下旬～9月下旬に種まきを行うが、リレー栽培では8月下旬からとなる。ニンジンを先行させてもよいが、9月上旬にダイコンと同時にまくと、害虫の忌避効果が高まる。

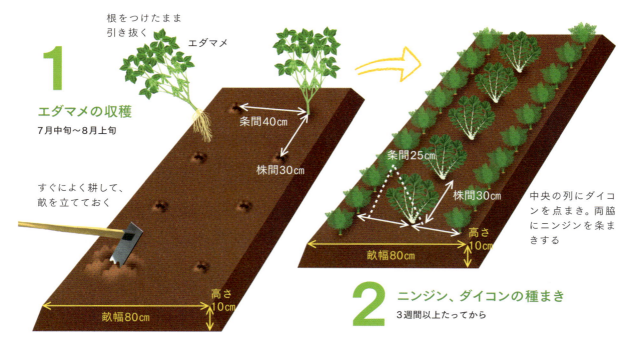

1 エダマメの収穫
7月中旬～8月上旬

根をつけたまま引き抜く　エダマメ
条間40cm
株間30cm
すぐによく耕して、畝を立てておく
畝幅80cm　高さ10cm

2 ニンジン、ダイコンの種まき
3週間以上たってから

条間25cm
株間30cm
畝幅80cm　高さ10cm
中央の列にダイコンを点まき。両脇にニンジンを条まきする

スイカ ➡ ホウレンソウ

スイカの根が深く耕した畑で深根タイプの野菜を育てる

　スイカの根は地中深く伸びる性質があります。原産地はアフリカの砂漠からサバンナにかけて。高温で乾燥した気候にかかわらず、吸引力の強い根で地中の水分を集め、水分たっぷりの果実をつけます。

　根はいわば天然の耕耘機。根が深く伸びたあとは、次の作物も根が深く伸びやすくなります。この性質を利用して、スイカの後作に同じ深根タイプのホウレンソウを育てます。土中に残っていたスイカの根は時間とともに分解し、空気や水の通り道になり、ホウレンソウの根がよく伸びて、病気に強い健全な株が育ち、味もおいしくなります。

応用：ホウレンソウの代わりに、根が長く伸びるニンジン、ダイコン、サラダゴボウなどにも応用できる。

栽培プロセス

【品種選び】スイカもホウレンソウも特に品種は選ばない

【スイカの栽培】p.32～33を参照。

【リレー時の土づくり】スイカの収穫は8月上旬～中旬。収穫後、つるや葉を整理したら、完熟堆肥とぼかし肥を施し、畝の表面を軽くならしておく。

【ホウレンソウの種まき】土づくりから3週間たったら種をまけるが、ホウレンソウがおいしいのは寒さにあたってから収穫できる9月中旬～下旬まき。種は条まきにする。

【間引き、追肥】ホウレンソウは本葉1枚で株間3～4cm、草丈が5～6cmで株間6～8cmに間引く。2回めの間引き時に条間にぼかし肥を施す。

【収穫】スイカは苗を5月上旬～中旬に植えつけると7月中旬～8月上旬に、5月上旬に直まきすると8月上旬～9月上旬に収穫。ホウレンソウは草丈が25～30cmになったら収穫可能。寒締めなら12月上旬～翌年2月まで収穫できる。

ポイント

スイカの畝は高めにつくってあるので、収穫後の土づくりでは畝の表面をならして普通の高さの畝に。やや低くなるが、高さ10cm程度あればよい。

こんな効果が

トマト ➡ チンゲンサイ

害虫忌避　生育促進

ネキリムシの被害を避けて種から育ちやすくする

8月に収穫を終えたトマトの後作に葉物の秋野菜を育てる方法です。特におすすめなのはネキリムシの被害に遭いやすいチンゲンサイなど、アブラナ科野菜。ネキリムシはカブラヤガなどの幼虫で、昼間は土の中に潜り、夜になると地上部や地際部を食害し、株が丸ごとだめになってしまいます。

カブラヤガは野菜や雑草の地際に卵を産みつけますが、なぜかトマトにはあまり産卵することはありません。またトマトはほかの植物を排除する「アレロパシー（他感作用）」が強く、株元にはほかの雑草が生えにくいため、カブラヤガが産卵することができません。結果としてトマトを栽培したあとの畝にはネキリムシの被害が少なくなります。

応用：チンゲンサイと同様に種から育てるコマツナ、ミズナ、カブ、シュンギク、ホウレンソウなどにも応用できる。

栽培プロセス

【品種選び】トマトは秋まで育てないことの多い大玉トマトが適している。チンゲンサイは特に品種を選ばない。

【トマトの栽培】p.14〜15を参照。高温になると受粉しづらくなるので、8月上旬〜中旬にそれまでの果実を収穫して、株を片づける。

【リレー時の土づくり】大きな根は取り除き、耕して畝を立てる。トマトの育ちがあまりよくなかった場合は、完熟堆肥やぼかし肥を施してもよい。

【チンゲンサイの種まき】土づくりから3週間以上たった9月上旬〜下旬に種まき。1か所3〜4粒の点まきか、条まきにして間引く。

【間引き、追肥】本葉1〜2枚になったら間引いて1本立ちに。条まきのときは本葉1〜2枚で株間5〜6cm、本葉3〜4枚で株間10〜12cmに。同じころに油かすかぼかし肥を追肥する。

【収穫】チンゲンサイは株元が膨らんで厚みが出てきたら収穫。目安は種まきから55〜65日。

ポイント
チンゲンサイの栽培を早くスタートさせすぎるとモンシロチョウやコナガの幼虫の被害に遭いやすいので注意。

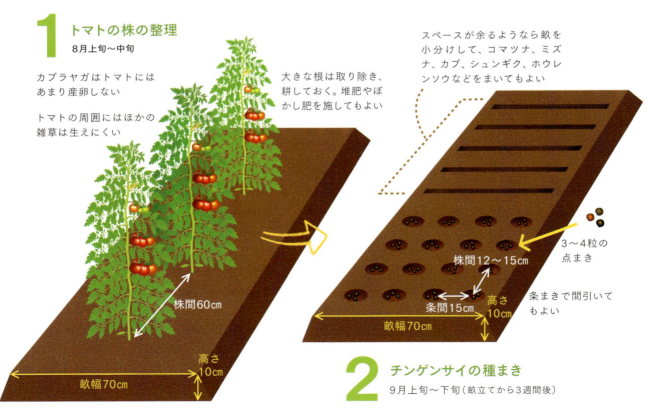

1 トマトの株の整理
8月上旬〜中旬

カブラヤガはトマトにはあまり産卵しない

トマトの周囲にはほかの雑草は生えにくい

大きな根は取り除き、耕しておく。堆肥やぼかし肥を施してもよい

株間60cm
畝幅70cm　高さ10cm

スペースが余るようなら畝を小分けして、コマツナ、ミズナ、カブ、シュンギク、ホウレンソウなどをまいてもよい

3〜4粒の点まき
条まきで間引いてもよい
株間12〜15cm
条間15cm
畝幅70cm　高さ10cm

2 チンゲンサイの種まき
9月上旬〜下旬（畝立てから3週間後）

キュウリ ➡ ニンニク

 病気予防 生育促進

根圏微生物が異なるため、病気が発生しにくい

　キュウリの根は浅く広く張るだけでなく、マルチ代わりに敷きわらなどを利用することも多く、収穫後に株を処分し耕しても、土中には生に近い状態の有機物が比較的多く残りがちです。

　こうした生の有機物が分解してできる養分を上手に利用できるのがネギの仲間です。9～10月に栽培をスタートできるニンニクをキュウリのあとに植えます。キュウリは双子葉植物、ニンニクは単子葉植物で、根につく微生物が大きく異なり、続けて栽培しても土壌中の病原菌はふえず、少ない状態に保つことができます。ニンニク特有の病気である乾腐病、春腐病、黒腐菌核病などの土壌病害の発生が抑えられます。

応用：ニンニク同様に9月に植えつけるラッキョウ、ワケギ、アサツキなどにも応用できる。

栽培プロセス

【品種選び】キュウリは特に品種を選ばない。ニンニクは寒冷地、暖地で適した品種を選ぶ。

【キュウリの栽培】p.24～27参照。8月になると葉に傷みが出て、生育が鈍るので、上旬～中旬に収穫を終えて、株を片づける。

【リレー時の土づくり】ニンニクの植えつけの3週間前までに耕し、畝立てを行う。キュウリの生育があまりよくなかった場合は、完熟堆肥とぼかし肥を施してから畝立て。

【ニンニクの植えつけ】ニンニクは種球をばらし、1片ごとに植えつける。深さは5～8cm程度。

【追肥】葉が30cm程度に伸びたら、米ぬかぼかし肥を周囲に施し、土となじませておく。さらに1か月後にも同様に追肥する。

【摘心】春になると花茎が伸びてくる。そのままでもニンニクの肥大には影響しないが、切って茎ニンニクとして利用するとよい。

【収穫】地上部の8割程度が枯れたら、晴天の日に掘り上げる。葉と根を切って、2～3日畑で乾燥。束ねて軒下などの日陰で風通しがよい場所で保存。

ポイント

キュウリのあとに秋どりのキュウリを育ててもよい。ニンニクの根に共生する微生物から出る抗生物質で、キュウリのつる割病などの土壌病害が抑えられる。

1 キュウリの株の整理
8月上旬～中旬

真夏になり、下葉が枯れて、曲がり果が多くなってきたら株を整理し、キュウリの畝を一度耕して土づくりをする

2条植えの場合、合掌形に支柱を立てる

2 ニンニクの植えつけ

種球をばらして1片ごと深さ5～8cmに植えつける。薄皮を剥いでつるつるで植えると、発芽が早く、生育が旺盛になる

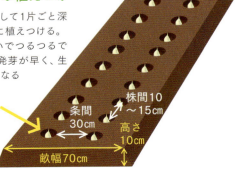

こんな効果が

ニンニク特有の乾腐病、春腐病、黒腐菌核病などの土壌病害が抑えられる

根圏にすみつく微生物の種類が異なる

ピーマン ⇒ ホウレンソウ、玉レタス

空間利用　生育促進

ピーマンを寒さよけにして真冬に野菜を収穫する

　ナスとダイコン（p.19参照）と同様に、ピーマンの株元の空いたスペースを使う方法です。ピーマンはナスよりも浅根で横に広がるため、浅根の野菜を育てると競合する可能性があります。そこで、混植するには深根タイプで、同時にダイコン、キャベツなどの大きな野菜よりも小ぶりのホウレンソウや玉レタスなどの葉菜類が向いています。

　もう一つの特徴として、ピーマンはナスよりも寒さに強いことです。強い霜にあたらなければ翌年1月まで葉が落ちず、果実の収穫も可能です。そこで比較的寒さに強いホウレンソウや玉レタスを秋まきで育てます。ピーマンが寒風や霜よけになって、真冬にも収穫することができます。

応用：ピーマンの代わりにシシトウ、トウガラシなどでもよい。ホウレンソウや玉レタスの代わりにターツァイ、タカナ、カラシナ、ワサビナなど寒さに強い葉菜類に応用できる。

栽培プロセス

【品種選び】 ピーマン、ホウレンソウ、玉レタスのいずれも特に品種は選ばない。

【ピーマンの栽培】 p.22〜23を参照。

【ホウレンソウの種まき】 8月下旬〜10月上旬までにピーマンの株元から25〜30cm程度離して、条まきにする。

【玉レタスの苗の植えつけ】 8月下旬〜10月上旬までにピーマンの株間などに、25〜30cm程度離して植えつける。

【追肥】 ピーマンには11月まで2〜3週間に1回程度、ぼかし肥を1握り施すとよい。ホウレンソウや玉レタスはこの肥料分を利用するので、別に施す必要はない。

【収穫】 ピーマンは大きくなったものから収穫。1月には枯れてくる。ホウレンソウ、玉レタスともに2月上旬まで順次収穫できる。玉レタスは強い霜にあたると葉が傷むので、天候を見て、あらかじめ寒冷紗などをベタがけしておくとよい。

ポイント

ピーマンは晩秋になって収穫できる果実が少なくなっても、切ったり、抜いたりせず、できるだけ葉をつけて残しておくのがコツ。寒波が早く訪れるなど寒い年はピーマンに寒冷紗や不織布をかけると、ホウレンソウや玉レタスの防寒にもなる。

ホウレンソウの種まき、玉レタスの植え方

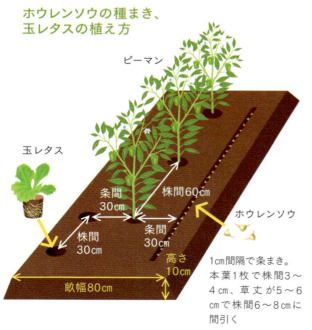

1cm間隔で条まき。本葉1枚で株間3〜4cm、草丈が5〜6cmで株間6〜8cmに間引く

こんな効果が

1月になると葉が傷み始めるが、ホウレンソウや玉レタスには寒風よけ、霜よけになる

ホウレンソウは12月になると葉がロゼット形に広がるのでピーマンの株元の保温になる

ダイコン ➡ キャベツ

病気予防

根こぶ病菌を減らして
キャベツを確実に結球させる

　キャベツに大きな被害を与える病害の一つに根こぶ病があります。根こぶ病はアブラナ科にのみ発生する病気です。キャベツは栽培期間が長く、根こぶ病菌に感染すると途中で生育が衰え、結球できなくなるため、被害も大きくなります。根こぶ病菌がやっかいなのは、一度ふえると休眠胞子のかたちで長年、土の中に留まるため、5年程度の輪作では効果がないことです。

　そこでダイコンを前作に植えつけます。ダイコンもアブラナ科なので休眠していた根こぶ病菌は目を覚まし、引き寄せられて側根に侵入しますが、そこでは増殖することができず、死んでしまいます。つまり、ダイコンがおとりになって、根こぶ病菌を掃除してくれるわけです。

応用：キャベツの代わりにハクサイ、ブロッコリー、カリフラワー、チンゲンサイ、カブなどを育てても効果がある。

栽培プロセス

【品種選び】どの品種も使えるが、根こぶ病の被害がひどい畑ではキャベツは抵抗性品種（CR品種）を用いるとよい。

【ダイコンの栽培】p.72を参照。

【リレー時の土づくり】キャベツの苗の植えつけの3週間前にダイコンの畝を軽くならして、完熟堆肥とぼかし肥を施して耕し、畝立てを行う。

【キャベツの植えつけ】本葉4〜5枚で植えつける。株間40〜50cmが一般的だが、30cmで密植してやや小ぶりのキャベツを収穫してもよい。

【追肥、土寄せ】キャベツは植えつけ後、3週間ほどたったら、ぼかし肥を1握り施し、土寄せをする。結球が始まったら、再度ぼかし肥を1握り施す。

【収穫】ダイコンは春まき夏どりの場合は品種ごとの適期に掘り上げる。遅くなるとスが入ったり、割れたりしやすい。キャベツは結球したら、頭の部分を押してみてかたくなっていたら収穫。

ポイント

根こぶ病の被害がひどいときは、ピンポイントでダイコンを収穫したあとの穴にキャベツの苗を植えつけるとよい。肥料が必要なら周囲に追肥で補う。葉ダイコンを密植し、より徹底して根こぶ病菌を掃除する方法もある。

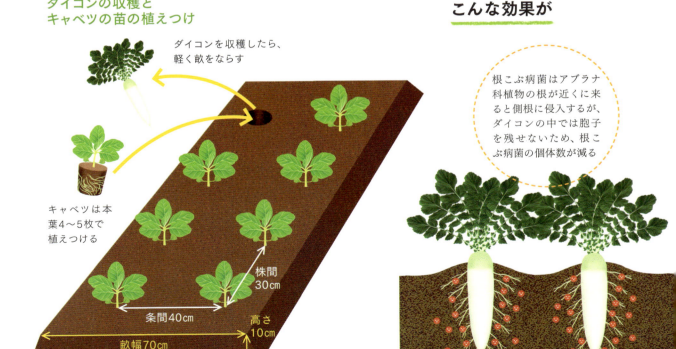

ダイコンの収穫とキャベツの苗の植えつけ
- ダイコンを収穫したら、軽く畝をならす
- キャベツは本葉4〜5枚で植えつける
- 株間30cm
- 条間40cm
- 高さ10cm
- 畝幅70cm

こんな効果が

根こぶ病菌はアブラナ科植物の根が近くに来ると側根に侵入するが、ダイコンの中では胞子を残せないため、根こぶ病菌の個体数が減る

ダイコン ➡ サツマイモ

生育促進

養分が少なくても育つ野菜の組み合わせで品質アップ

　サツマイモは肥料を施しすぎると、つるばかりが伸びてイモが大きくならない「つるぼけ」を起こします。前作には過剰な肥料分があとに残らない作物が向いています。その点、ダイコンは土づくりで未熟な堆肥や元肥を施すと肌が汚くなったり、また根になったりするため、基本的になにも施さないで育てるので、残肥の心配はありません。

　毎年、この組み合わせで連作を行うと、土の中の未熟な有機物が少なくなり、ダイコンは肌がきれいで肉質も細やか、辛みや苦みも少なくなります。サツマイモはつるぼけを起こさず、イモがよく太り、甘い高品質のものがとれるようになります。

栽培プロセス

【品種選び】 ダイコンはトウ立ちしにくい春まきに適した品種を選ぶ。サツマイモは特に品種は選ばない。

【ダイコンの栽培】 p.72参照。種まきは3月下旬〜4月上旬に行う。

【リレー時の土づくり】 ダイコン収穫後も堆肥や元肥は施さないで畝を立てる。

【サツマイモの栽培】 p.78参照。遅くとも7月上旬までに植えつける。

【収穫】 春まきのダイコンは70〜80日で収穫できる。とりどきを逃すと大きくなりすぎて、スが入ったり、割れたりしやすいので注意。サツマイモは植えつけから110〜120日で収穫。初霜が降りる前に収穫する。

ポイント

冬は有機物の分解が遅い。サツマイモを掘り上げたあと、早めに耕して、取り残した根などの有機物を分解させておく。初霜が早い地域では前倒しでサツマイモを栽培する。必要に応じてトンネルやベタがけのほか、ビニールマルチなどを利用すれば、ダイコンを早めの3月中旬からスタートできる。

ニンニク ➡ オクラ

 生育促進 病気予防

ニンニクの根の跡や残肥を利用してオクラがよく育つ

　ニンニクはネギ属の中でも深根といえます。収穫時に掘り上げるときには、ニンニクの球から根が切れて、根のほとんどは地中に残ります。一方、オクラは直根タイプで、生育初期に深くしっかりと根を伸ばすことで、あとの生育がよくなります。

　ニンニク収穫後にオクラを育てると、ニンニクの根の跡を利用して、オクラは根を深く伸ばすことができます。また、ニンニクの収穫後には、有機物や肥料分が利用されないで多く残るので、オクラ用に元肥を施さずに、すぐに種をまいてもオクラはよく育ちます。

応用： p.106、107のタマネギの場合と同様に、ニンニクのあとに、カボチャ、地這いキュウリ、秋ナス、ホウレンソウなどを育てることもできる。

栽培プロセス

【品種選び】 ニンニクもオクラも特に品種は選ばない。

【ニンニクの栽培】 p.101参照。

【リレー時の土づくり】 ニンニクの収穫後、畝をそのまま利用する。堆肥、元肥は施さなくてもよい。

【オクラの種まき】 オクラは1株で育てるよりも、1か所に種を4～5粒まいて3～4本立ちにすると根が助け合いつつも、競い合って地中深く伸びてよく育つ。オクラの莢の生長はゆっくりになり、伸びすぎたり、かたくなったりせずに収穫できる。

【追肥】 茎がぐんぐん伸び始めたら、3週間に1回程度、ぼかし肥を1握り施す。

【収穫】 オクラは莢が6～7cmになったら、こまめに収穫。

ポイント

オクラの種まきの適期は5月上旬～6月上旬までなので、ニンニクを収穫する前にオクラの種をまいてもよい。その場合、ニンニクの条間などを利用し、オクラの本葉2～3枚で間引きするまでにニンニクを収穫できるようにする。

タマネギ ➡ カボチャ

病気予防　生育促進　空間利用

畑を遊ばせないで
残肥を利用して栽培

　タマネギの収穫時期は品種にもよりますが、5～6月ごろ。畑を遊ばせないで、タマネギの収穫前にカボチャを苗で植えつけます。

　p.30のカボチャと長ネギの混植では、カボチャの根に長ネギの根が触れ合うように植え込むと、長ネギの根に共生する細菌が抗生物質を分泌してカボチャの土壌病原菌を減らすというものでした。長ネギと同じネギ属のタマネギを前作で育てることで、あらかじめ土壌病原菌の密度を減らしておくことができます。

　カボチャはしばしば土手などで自然生えするように、もともと肥料分をあまり必要としません。タマネギの栽培では残肥が多くなりがちなので、土づくりを省略してカボチャを植えつけても十分よく育ちます。

応用：6月まきの地這いキュウリやゴーヤーなどにも応用できる。

栽培プロセス

【**品種選び**】タマネギ、カボチャともに特に品種は選ばない。タマネギは晩生よりも早生品種だと早く収穫ができ、カボチャに移行しやすい。

【**タマネギの栽培**】p.64～65を参照。ただし、カボチャはつるが広がるため、栽培には一定の面積が必要。事前によく計画してタマネギの栽培を始める。

【**カボチャの植えつけ**】土づくりは行わず、カボチャの植えつけ場所のタマネギを早どりして、すぐに苗を植えつける。根づくまでカボチャの株の周囲にビニールであんどん囲いを作り、強風から守ると生育がよくなる。

【**摘心**】子づるが2～3本伸びてきたら、親づるの先端を摘心する。

【**追肥**】施さない。

【**収穫**】カボチャは雌花の開花から50日程度がとりごろ。

ポイント

タマネギは品種によって収穫時期がほぼ決まっているので、よく調べてから、タイミングよくカボチャの苗づくりや苗の入手を行う。極早生品種などでタマネギを早く収穫した場合も耕さないで、カボチャの植えつけに移る。

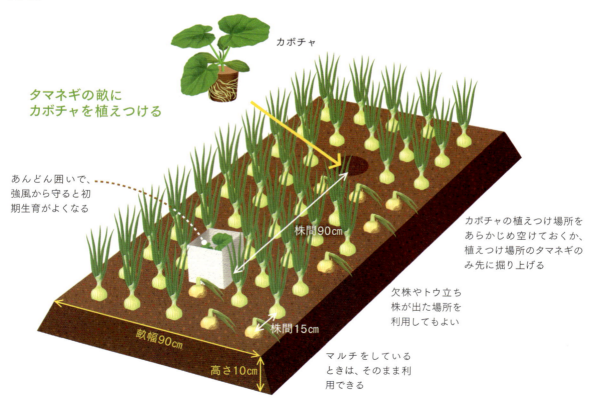

タマネギ ➡ 秋ナス

 病気予防　 生育促進

病気の心配をせずに
連作で秋どりナスを楽しめる

　おいしいといわれる秋ナスを収穫するには大きく分けて2つの方法があります。一般的な方法では、4月下旬～5月上旬に植えつけた株で収穫を続けると、真夏になると株が疲れてきます。そこで8月上旬に枝を短くし、根切りを行う更新剪定で、生長の勢いを復活させて秋ナスを収穫するというものです。

　もう一つは種まきを5月上旬～中旬に行い、育苗した苗を6月中旬～下旬に植えつけて、若々しい株のうちに夏を乗り切って、秋ナスの収穫へと至るものです。この場合、タマネギを収穫したあと、すぐに土づくりを行えば、スムーズに秋ナスの栽培へ移行できます。

　p.106と同様に、タマネギの根につく細菌の出す抗生物質で、半身萎ちょう病などの病原菌が少なくなり、病気の心配もありません。

応用：タマネギの後作にはホウレンソウなどもよい。病原菌（フザリウム）が減るため、夏場に発生しやすい立枯病が抑えられる。

栽培プロセス

【品種選び】タマネギ、ナスともに品種は選ばないが、タマネギは早生～中生の品種が使いやすい。ナスは晩生品種がよりよく育つ。

【リレー時の土づくり】タマネギの収穫後、完熟堆肥とぼかし肥を施して耕し、畝立てを行う。

【植えつけ】土づくりから2～3週間たってからナスを植えつける。

【マルチの利用】ナスは乾燥を嫌うので、梅雨明けの7月中旬までに敷きわらなどのマルチングを行う。植えつけ時にビニールマルチをしておいてもよい。

【追肥】ナスの生育のために、半月に1回を目安に畝の表面全体にぼかし肥を1握り施す。

【収穫】ナスは実った果実を順次収穫。霜が降りるまで収穫が行える。

ポイント

ナスは10月下旬～11月上旬に株を片づけて、土づくりを行ったあと、11月下旬にタマネギを植えつけると交互作による連作が可能になる。

こんな効果が

秋ナスの植えつけ／敷きわら、もしくはマルチをするとよく育つ／ナス／株間60cm／畝幅60cm／高さ20cm

畑を空けることなく、常に野菜が育っているので、微生物の活性が高まり、肥沃な状態が保たれる

タマネギの根が耕した跡を利用してナスの根がよく張る。タマネギの残った根は少しずつ分解して、肥料分として利用される

タマネギの根に共生するバークホーデリア・グラジオリーという細菌が半身萎ちょう病の病原菌を減らす

ゴボウ ⇔ ラッキョウ

生育促進

栽培期間の長い野菜を
1年ごとに交互に育てられる

　ラッキョウというと鳥取県のイメージがありますが、九州南部の鹿児島県、宮崎県の2県で全国生産量の約半分を占めています。その一部の農家で長年、行われてきた交互作です。

　シラス台地の水はけのよい火山灰土はゴボウの生産に向いています。一方、ラッキョウの生産には砂質土が理想的ですが、ゴボウの栽培後は土が深くまで耕され、いっそう水はけがよくなるため、ラッキョウもよく育ちます。

　一般地では、秋にゴボウの種をまき、翌年3〜7月にかけて収穫したあと、9月中旬〜下旬にラッキョウを植えつけます。さらに翌年の6月中旬ごろに収穫したあと、秋に再びゴボウに戻ります。ゴボウは連作障害が出やすい野菜の一つですが、この方法であれば楽に2年サイクルの交互作が行えます。どちらも肥料分はさほど必要としないところは共通しています。

栽培プロセス

【品種選び】 ゴボウは秋まきになるので、春にトウ立ちしにくい品種を選ぶ。ラッキョウは特に品種は選ばない。

【土づくり】 ゴボウは種まきの3週間前に深さ60〜70cmまで掘り、土をやわらかくする。土を埋め戻し、畝立てを行う。完熟堆肥やぼかし肥などは施さない。ラッキョウは土づくり時に堆肥を施してもよい。

【ゴボウの栽培】 p.57参照。種まきは9月中旬〜下旬に行う。前日、種を丸一日水につけてよく吸水させておく。1か所5〜6粒まきし、土で薄く覆う。間引いて本葉1枚で2本、本葉3枚で1本に。

【ラッキョウの植えつけ】 9月中旬〜下旬に種玉を植えつける。1穴に3粒植えにするとよく育ち、収量も増える。

【追肥、土寄せ】 ラッキョウの葉が数枚伸びてきたら、追肥として畝の片側にぼかし肥か米ぬかをまいて土寄せをする。さらに2週間たったら、残りの片側に追肥と土寄せ。

【収穫】 ラッキョウは6月下旬に収穫。ゴボウは6〜7月に茎葉が枯れてきたら収穫。

ポイント
短茎のサラダゴボウは9月上旬までにまけば年内の収穫が可能。翌年春にサラダゴボウをまいて、秋にラッキョウに移行する方法もある。

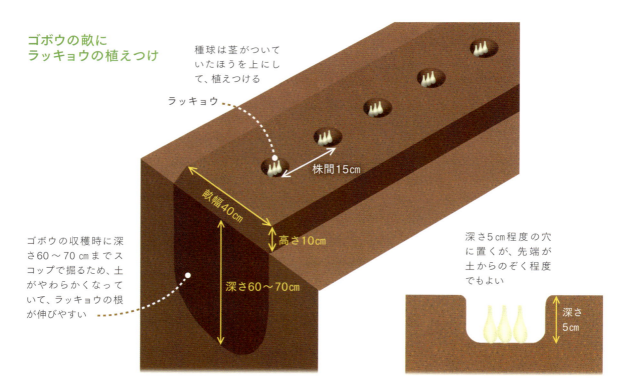

ゴボウの畝に
ラッキョウの植えつけ

種球は茎がついていたほうを上にして、植えつける

ラッキョウ

株間15cm

畝幅40cm

高さ10cm

ゴボウの収穫時に深さ60〜70cmまでスコップで掘るため、土がやわらかくなっていて、ラッキョウの根が伸びやすい

深さ60〜70cm

深さ5cm程度の穴に置くが、先端が土からのぞく程度でもよい

深さ5cm

越冬ホウレンソウ ➡ ブロッコリー

畑の残肥を利用して少肥型のブロッコリーを育てる

　ホウレンソウは秋遅くに種をまいて越冬させて育てることもできます。10月上旬〜中旬に種をまけば、特に保温しなくても翌年1〜2月の真冬に収穫できるほか、11〜12月に種をまいてビニールトンネルをかけて栽培し、3月に収穫することもできます。この時期の栽培は温度が低く、微生物による有機物の分解もゆっくりしか進まないため、多めに肥料分を施して栽培する必要があります。その結果、ホウレンソウの収穫後には使われなかった肥料分が多く残りがちです。

　そこで春には堆肥や元肥を施さないで、ホウレンソウの枯れた下葉や根などを鋤き込んで畝を立て直し、夏どりブロッコリーを栽培します。ブロッコリーは残肥だけで十分よく生長します。ホウレンソウの残渣などの未熟な有機物でブロッコリーの根が傷むこともまずありません。

栽培プロセス

【品種選び】 ホウレンソウは春どり用の品種が育てやすい。ブロッコリーは春まき夏どり向きの品種を選ぶとよい。

【ホウレンソウの栽培】 種まきの3週間前までに完熟堆肥とぼかし肥などを施して畝を立てる。酸性土の場合は、石灰分を施して中和しておく。11〜12月に種まき。12月中旬にはビニールトンネルをかける。本葉1枚で株間3〜4cm、草丈が5〜6cmで株間6〜8cmに間引く。2月上旬にぼかし肥を追肥。

【収穫】 草丈が25cm程度で収穫。2月中旬までの寒締めがおいしい。彼岸を過ぎるとトウ立ちしやすくなる。

【リレー時の土づくり】 堆肥や元肥は施さず、軽く耕して畝を立てる。ホウレンソウの残渣は鋤き込んでよい。

【ブロッコリーの植えつけ】 2月中旬〜3月上旬に種をポリポットなどにまいて苗を育てておく。3月下旬〜4月上旬に本葉5〜6枚で植えつける。

【追肥、土寄せ】 植えつけの3週間後に畝の片側にぼかし肥を追肥して土寄せ。さらに3週間後にもう片側に追肥して土寄せする。生育を見ながら必要であれば追肥を行い、不要であれば土寄せだけにする。

【ブロッコリーの収穫】 春まき夏どりの場合は、植えつけから60〜70日で収穫できる。

ポイント

ブロッコリー以外にも、比較的肥料分が少なくてもよく育つダイコン、ゴボウなどにも応用できる。これらは根の肌が汚くなるおそれがあるので、残渣は鋤き込まない。

ホウレンソウの収穫とブロッコリーの植えつけ

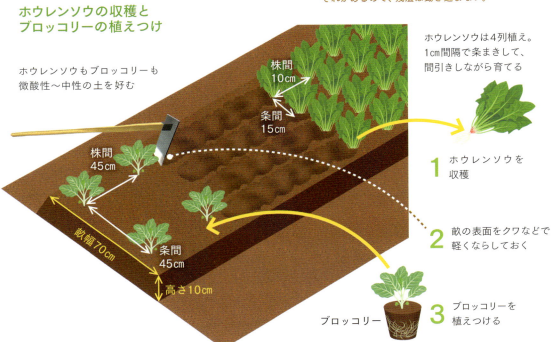

越冬ブロッコリー ➡ エダマメ

生育促進

残肥が少ない畑でも
エダマメならよく育つ

　秋まき春どりのブロッコリーは中間地から温暖地の雪があまり積もらない地域でよく栽培されています。9月下旬～10月上旬に種をまいて苗を育て、11月下旬までに植えつけて、本格的に寒くなる前に根を活着させます。2月下旬を過ぎて少しずつ暖かくなってくると葉の枚数が増えて急速に大きくなり、3月下旬～4月中旬にかけて収穫できます。

　ブロッコリーはあまり肥料分を必要としないため、肥料を施す量が少なく、結果として残肥も少なくなります。後作には土づくりをしっかり行うか、エダマメのような肥料分が少なくてもよく育つ野菜を育てます。エダマメは根に根粒菌が共生し、空気中の窒素を固定するため、自分の力でよく育ち、同時に土を肥沃にします。

応用：インゲンやササゲ、春まきのエンドウなどのマメ科に応用できる。

栽培プロセス

【品種選び】 ブロッコリーは秋まき春どり用の品種が育てやすい。エダマメは早生～中生品種を用いる。

【ブロッコリーの栽培】 植えつけの3週間前に完熟堆肥とぼかし肥を施して耕し、畝立てを行う。9月下旬～10月上旬に種をポリポットにまいて育苗。本葉5～6枚で11月下旬までに植えつける。

【追肥】 2月下旬に畝の片側にぼかし肥を追肥して土寄せ。さらに3週間後にもう片側に追肥して土寄せする。

【収穫】 3月下旬～4月中旬に頂花蕾が大きくなったら収穫。その後に伸びる側花蕾も収穫できる。

【リレー時の土づくり】 ブロッコリーを抜いて片づける。耕さず、畝を整える程度でよい。堆肥や元肥は施さない。

【エダマメの栽培】 ブロッコリーの片づけが終わったら、すぐに植えつけてもよい。苗を事前に用意しておく。2～3粒の種をポリポットにまいて、本葉1.5枚で2本立ちにする。本葉3枚で植えつけ。

【追肥】 植えつけから3週間後にぼかし肥を施し、土寄せをする。生育が普通であれば、追肥は行わない。

【収穫】 莢がふっくらと膨らんだら収穫。品種ごとに栽培日数が決まっているのでそれに従う。

ポイント

初夏どりのブロッコリーにも応用できる。1～2月まきで保温しながら苗を育て、3月に定植し、5～6月に収穫する。その場合、エダマメは7月にまける晩生品種にする。

ブロッコリーの収穫とエダマメの植えつけ

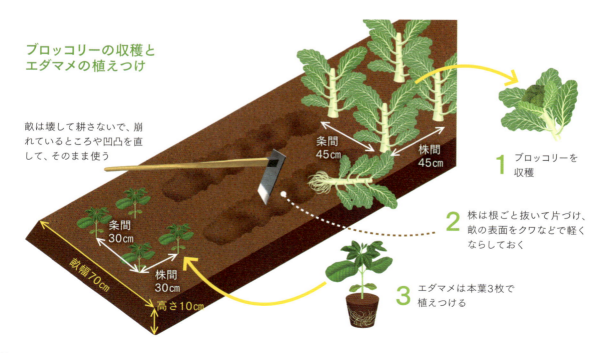

畝は壊して耕さないで、崩れているところや凹凸を直して、そのまま使う

条間 45cm　株間 45cm
条間 30cm　株間 30cm
畝幅 70cm　高さ 10cm

1 ブロッコリーを収穫

2 株は根ごと抜いて片づけ、畝の表面をクワなどで軽くならしておく

3 エダマメは本葉3枚で植えつける

越冬ブロッコリー → 秋ジャガイモ

 生育促進

残渣を鋤き込んで土壌消毒。ジャガイモのそうか病が抑えられる

　これも秋まき春どりのブロッコリーの後作に、肥料分が少なくてもよく育つジャガイモを組み合わせる方法です。p.110のエダマメの場合と異なるのは、ブロッコリーの収穫後に出る下葉や茎、根などの残渣を鋤き込むところです。

　ブロッコリーの残渣にはアブラナ科独特の辛み成分「グルコシノレート（からし油配糖体）」が含まれていて、畑に鋤き込むと分解され、イソチオシアネートという揮発性の物質に変化します。このイソチオシアネートには殺菌作用があり、土壌消毒を行うことができます。後作にジャガイモを育てると、そうか病の発生が抑えられます。

栽培プロセス

【品種選び】ブロッコリーはp.110参照。秋ジャガイモには休眠期間の短い『デジマ』『ニシユタカ』『アンデス赤』などの品種が使いやすい。

【ブロッコリーの栽培】p.110参照。

【リレー時の土づくり】ブロッコリーの収穫が終わったら、葉や茎は長さ20cm程度に切り、生のまま、根といっしょに土に鋤き込む。3週間以上たってから、改めて畝を立て、後作に移る。

【ジャガイモの栽培】秋ジャガイモは9月上旬に植えつける。p.83参照。

【収穫】11月下旬〜12月初旬に霜にあたって、地上部が枯れ始めたら、掘り上げる。

ポイント

ブロッコリーの鋤き込みは原理的には農薬を使った殺菌・殺虫の「土壌燻蒸」と同じ。「生物的土壌燻蒸（バイオフューミゲーション）」とも呼ばれる。土壌病害が発生しやすいナス科、ウリ科などに広く応用できる。土壌病害が多発しているときは、ブロッコリーの代わりにグルコシノレートを多く含むカラシナ、コブタカナ、キガラシなどを用いるとよい。残渣を鋤き込んだあと、透明のビニールシートで畝全体を覆い、2〜3週間密封すると効果が高まる。

1 ブロッコリーの残渣の鋤き込み

ブロッコリーを収穫

地上部は長さ20cm程度に切ると分解が早く進みやすい

揮発性のイソチオシアネートが発生し、土壌病原菌を殺菌する

生のまま、根も鋤き込む

深さ10cm程度の範囲でよい。あまり深く鋤き込む必要はない

2 ジャガイモの植えつけ

秋ジャガイモは50g程度の小ぶりの種イモを切らずに丸ごと植える

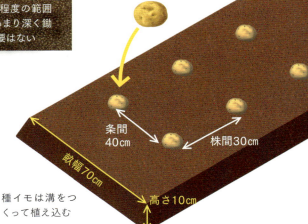

条間40cm　株間30cm　畝幅70cm　高さ10cm

種イモは溝をつくって植え込む

　ブロッコリーのあとの低栄養の畑で、自ら肥料分を集める力の強いトウモロコシ（スイートコーン）を育てる方法もある。ブロッコリーの残渣は鋤き込んでもよい。比較的生に近い有機質が残っていても問題なく生育する。7月中旬〜8月上旬に種をまくと（育苗してもよい）、11月上旬〜中旬に甘いトウモロコシが収穫できる。トウモロコシはひげ根をたくさん伸ばすので、収穫後、根を鋤き込むと土に豊富な有機質が供給できる。

混植＆リレー栽培をミックス
次々に収穫する年間プラン

コンパニオンプランツをうまく組み合わせると、混植、間作によって空間の効率的な利用ができるだけでなく、リレー栽培によって時間軸でも効率的な利用が可能になります。その結果、年間で考えると1つの畝で多品目の栽培が可能になります。ここでは例として2種類の年間プランを挙げました。どちらも連作障害が起こることなく、2年めも同じ年間プランで連作できます。

●Aプラン

**春スタートで定番野菜を育てる。
少肥料栽培でしっかり収穫**

春にジャガイモを育てて収穫したあと、夏には定番野菜のエダマメ、トウモロコシ（スイートコーン）などを育て、秋には葉菜類のブロッコリー、ホウレンソウ、根菜類のダイコン、ニンジンへと移るプランです。特長は、ほとんどの品目が少しの肥料分で収穫まで十分に育つものばかりで、低栄養型の栽培プランとも言えます。元肥や堆肥を多く投入しないため、土づくりに費やす期間を短縮できて、時間軸で見ても無駄なく効率的です。

【リレー栽培のヒント】
・ジャガイモ収穫後、畝を立てて種まき。やせた土でもよく育つエダマメは無肥料で、トウモロコシは必要に応じて追肥で補う。混植のつるありインゲンによる土の肥沃化もプラスになる。
・秋は比較的肥料を多く必要とするブロッコリー、ホウレンソウには完熟堆肥と元肥を施す。少ない肥料分でもよく育つダイコン、ニンジンはエダマメの後作なら無肥料でよい（p.76～77参照）。

【混植のヒント】
・エダマメとトウモロコシは生育促進と害虫忌避に（p.42参照）、トウモロコシとつるありインゲンも生育促進と害虫忌避に効果あり（p.38参照）。
・ブロッコリーとリーフレタスは害虫忌避に（p.48参照）、ダイコンとニンジンは害虫忌避と生育促進に役立つ（p.76参照）。

3月下旬 → 6月中旬
ジャガイモの栽培

3月下旬　種イモの植えつけ
6月中旬　収穫

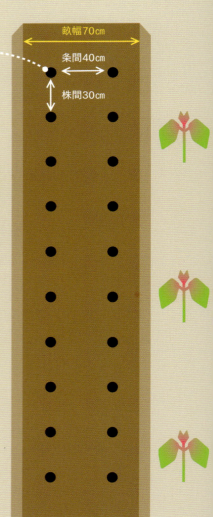

ジャガイモ
種イモの切り口を上向きに置く「逆さ植え」がおすすめ（p.82参照）。6月中旬収穫

畝幅70cm
条間40cm
株間30cm

アカザ、シロザが周囲に生えてきたら、除草せずにそのまま残すと病気予防になる

ジャガイモは草丈20cmで土寄せ。さらに2週間後にも再度土寄せ

112

土づくりは基本的に不要

ジャガイモはすでに野菜を育てていた場所なら、堆肥や元肥は不要。種イモの植えつけの3週間前に耕して畝を立てておく。適切に追肥を行えば、6月中旬、9月下旬の切り替え時にも元肥を多く施す土づくりは行わなくてもよい。

連作を続けると品質が向上する

年間を通じて、少ない肥料分で育つ野菜を栽培すると畑の土の状態が安定し病害虫も少なくなる。毎年同じ作物を連作すると、それぞれの野菜が育ちやすくなる。特にジャガイモなどは品質が向上する。

6月中旬 → 9月中旬
エダマメとトウモロコシの栽培

6月中旬 畝立て後、エダマメ、トウモロコシの種まき（つるありインゲン混植）
9月中旬 どちらも収穫

トウモロコシ
1か所に3粒まき。葉2〜3枚で間引いて1本立ちに。同時に株間につるありインゲンの種をまいて混植に

つるありインゲン
根粒菌の働きで土が肥沃になる。8月中旬〜9月下旬に順次収穫

科が異なるので害虫忌避に役立つ

ぼかし肥で追肥しながら育てる

元肥、追肥ともに施さない

トウモロコシ

エダマメ
根粒菌の働きで土が肥沃になる。菌根菌がつきやすく、トウモロコシの生育促進に役立つ

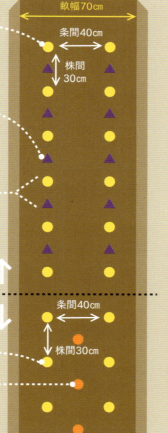

9月下旬 → 3月上旬
ブロッコリー、ホウレンソウ、ダイコン、ニンジンの栽培

9月下旬 畝立て後、ブロッコリーの植えつけ（リーフレタス混植）。ダイコン、ニンジン、ホウレンソウの種まき

ブロッコリー
植えつけから3週間ごとに2回土寄せ。12月下旬〜3月上旬収穫

リーフレタス
条間に植えつけ。10月下旬から収穫。科が異なるので害虫忌避に役立つ

ホウレンソウ
草丈5〜6cmまでに2回間引いて株間6〜8cmに。12月中旬〜3月上旬収穫

条間15cm、1cm間隔で条まき

畝立て時に完熟堆肥と元肥を施す。追肥にぼかし肥を施してもよい

元肥、追肥ともに施さない

ダイコン
1か所に5〜7粒まき。株間30cm。2回の間引きで1本立ちに。12月上旬から収穫

ニンジン
種は多めに条まき。2回の間引きで株間10〜12cmに。12月下旬〜3月上旬収穫

科が異なるので害虫忌避に役立つ

●Bプラン

果菜類の連作が可能に。
病害を防ぎつつ定番野菜を毎年収穫

　秋からスタートすることで、野菜を栽培、収穫しながら、病虫害に強い土をつくり、夏から秋の果菜類へとつなげていくプランです。
　初年度の秋はアブラナ科を中心とした葉菜類を作り、冬から春はタマネギ、ソラマメ、エンドウなどの越冬野菜を、夏から秋はトマト、ナス、ピーマン、カボチャ、キュウリなどの果菜類を栽培します。果菜類のスタートは一般的な5月上旬植えよりも遅いため、収穫開始も遅れますが、夏バテが少なく、晩秋まで収穫できます。

【リレー栽培のヒント】
・葉菜類の栽培前に土づくりを行っておけば、タマネギ、ソラマメ、エンドウの土づくりは省略できる。また、タマネギのあとは残肥があり、ソラマメ、エンドウは土を肥沃にするので、簡単な畝の修復で夏野菜に移行できる。
・タマネギの根に共生する微生物が出す抗生物質で後作のウリ科、ナス科の土壌病害の病原菌を減らせ、連作が可能になる（p.106、107参照）。

【混植のヒント】
・葉菜類の混植は害虫忌避に（p.60参照）、ハクサイとエンバクは病害虫の予防に（p.52参照）、ダイコンとルッコラは害虫忌避など（p.72参照）に効果あり。
・タマネギとソラマメ、エンドウは生育促進と病害虫の予防に効果あり（p.64参照）。
・ナス科とニラ、ウリ科と長ネギは病気予防に（p.15、21、23、26、30参照）、トマトとバジル、ナスとパセリは害虫忌避と生育促進に効果あり（p.14、20参照）。トマトとラッカセイは生育促進に効果あり（p.12参照）。

9月上旬 → 12月上旬
葉菜、根菜（ハクサイ、ダイコン、ミズナ、チンゲンサイ、ホウレンソウなど）の栽培

9月上旬　葉菜、ダイコンなどの種まき、ハクサイの植えつけ
11月上旬～12月上旬　収穫

ハクサイ
苗で植えつけ。10月中旬と11月上旬にぼかし肥を追肥。12月上旬収穫

エンバク
混植すると病害虫の予防になる

**ホウレンソウ
ミズナ
チンゲンサイ**
いずれも条間15cm、1cm間隔で条まき。2回に分けて間引き、株間6～8cmにする。11月上旬から大きくなったものから収穫。異なる科の作物を隣り合わせにすることで害虫防除に

ルッコラ
ダイコンの害虫忌避と生育促進に役立つ。間引きながら種まきから40日程度で収穫

ダイコン
1か所に5～7粒まき。条間40cm、株間30cm。2回の間引きで1本立ちに。12月上旬収穫

最初の土づくり
9月上旬の種まきの3週間前に完熟堆肥と元肥（ぼかし肥など）を施してよく混ぜ、畝を立てておく

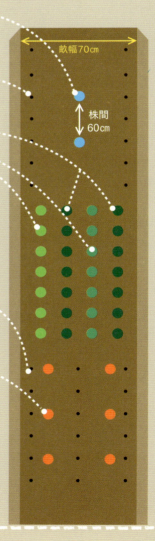

輪作したい場合はAプランへ

6月中旬にタマネギなどの収穫が終わったら、Aプランのエダマメとトウモロコシの栽培へ移ってもよい。その場合、プランAは低栄養型の栽培プランなので、畝を修復する程度で、堆肥や元肥を施す土づくりは特に必要ない。

連作したい場合は、土づくりをしてから

11月上旬に完熟堆肥と元肥を施し、よく耕して、畝を立てて3週間程度おいてからタマネギ、ソラマメ、エンドウの栽培へ戻る。連作（越冬野菜と果菜類の交互作）をする場合、毎年1回、秋に土づくりをするだけでよい。

12月上旬 → 6月中旬
越冬野菜（タマネギ、ソラマメ、エンドウ）の栽培

12月上旬　畝を修復後、すぐにタマネギ、ソラマメ、エンドウの植えつけ

6月中旬 → 10月下旬
夏秋どりの果菜類（ナス、ピーマン、トマト、カボチャ、キュウリ）の栽培

6月中旬　畝を修復後、ナス、ピーマン、トマト、カボチャ（もしくは地這いキュウリ）の植えつけ

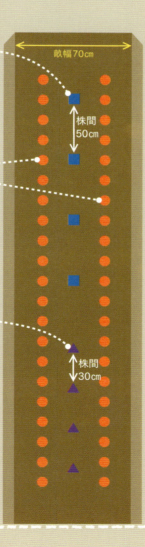

ソラマメ
タマネギとの条間20cm。根粒菌の働きで土が肥沃になるので追肥は施さない。5月上旬〜6月上旬収穫。天敵のすみかにもなる

タマネギ
株間10〜15cmで植えつけ。根の共生菌が分泌する抗生物質で病原菌を減らす。追肥は12月下旬、2月下旬にボカシ肥などを施す。6月中旬収穫

エンドウ
タマネギとの条間20cm。根粒菌の働きで土が肥沃になる。4月下旬〜6月中旬収穫

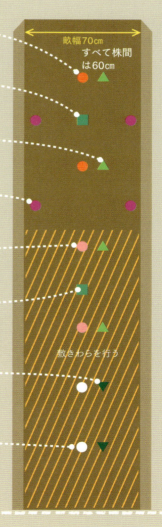

トマト
追肥は施さなくてもよい。7月下旬〜10月下旬収穫

バジル
トマトの株間に植える。害虫忌避、生育促進に役立つ

ニラ
トマト、ナス、ピーマンの株元に混植。病気予防に役立つ

ラッカセイ
畝の肩に植える。害虫忌避、生育促進に役立つ

ナスまたはピーマン
半月に1回、ぼかし肥を施す。11月中旬まで収穫

パセリ
ナス、ピーマンの株間に植える。害虫忌避、生育促進に役立つ

長ネギ
カボチャ、キュウリの株元に混植。病気予防に役立つ

カボチャまたは地這いキュウリ
追肥は施さなくてもよい。11月中旬まで収穫

115

column 5

土を豊かにし、次作がよく育つ
緑肥作物の使い方

野菜の収穫後、畑を裸地のまま放置せず、緑肥作物を育ててみましょう。
土中の温度や湿度を一定の範囲に保ち、雨風による土の流亡を防ぎ、
雑草の抑制などにも効果を発揮します。

● 用途で使い分ける

　緑肥作物にはイネ科とマメ科が多く、用途によって使い分けます。イネ科はいずれも旺盛に育ち、生育途中は土中の余分な肥料分を集めるクリーニングクロップ（掃除作物）として活躍します。地上部の茎葉の量だけでなく根の量も多く、刈ったあと、鋤き込むことで、土中に大量の有機物を供給でき、土づくりに役立ちます。マメ科は生育途中には根に共生する根粒菌の働きで土壌を肥沃にし、刈り込んで鋤き込むと葉や茎に窒素分を多く含むため、肥料効果も期待できます。

　そのほか、センチュウ対策のおとり作物として使われるものや（p.72）、キガラシのように土壌病原菌の抑制に使われるもの（p.111）もあります。アンジェリア（ハゼリソウ）やヒマワリなどは花が美しく景観緑肥としても利用できます。

● 主な緑肥作物

イネ科の緑肥作物

春～夏まき
ソルゴー、トウモロコシ、ギニアグラス、エンバク、マルチムギなど

秋まき
エンバク、ライムギ、イタリアンライグラスなど

マメ科の緑肥作物

春～夏まき
クロタラリア、セスバニア、エビスグサなど

秋まき
クリムソンクローバー、赤クローバー、ヘアリーベッチ、レンゲソウなど

そのほかの緑肥作物
カラシナ、マリーゴールド、コスモス、ヒマワリ、アンジェリア、ヒエ、ソバなど

● センチュウに効果のある緑肥作物

ネグサレセンチュウに
マリーゴールド、ハブソウ、エンバク、ギニアグラス、ソルゴーなど

ネコブセンチュウに
クロタラリア、エビスグサ、ラッカセイ、ギニアグラス、ソルゴーなど

ソルゴー
イネ科。草丈は1～2m。吸肥力が強く、過剰な肥料分を取り除く。根は量が多く、土壌をやわらかくする。根こぶ病やネグサレセンチュウなどの防除にも役立つ

エンバク
イネ科。草丈は0.5～1.5m。根の量が多く、土壌をやわらかくする。根こぶ病、ネグサレセンチュウ、キスジノミハムシの防除に役立つ

クロタラリア
マメ科。草丈は1～1.5m。深根タイプで土壌改良に役立つ。根粒菌の働きで土壌が肥沃になる。開花前に鋤き込む。ネコブセンチュウの防除に役立つ

クリムソンクローバー
マメ科。草丈は0.5～1m。春に鮮やかな赤い花を咲かせ、景観緑肥としても利用できる。根に共生する根粒菌の働きで土壌が肥沃になる

ヘアリーベッチ
マメ科。草丈は0.5mほどでほふくし、つるを絡ませて絨毯状になる。根粒菌の働きで土壌が肥沃になる。分泌するシアナミドが雑草の発生を抑制する

おいしく実らせる果樹のコンパニオンプランツ

[果樹栽培]

野菜と同様に、果樹にもいっしょに植えるとよく育つ植物があります。ここでは家庭で育てられている果樹として代表的なものを取り上げ、コンパニオンプランツを紹介しています。植えつけてから何年もたった果樹にも活用できます。

柑橘類 × ナギナタガヤ、ヘアリーベッチ

 生育促進 害虫忌避 病気予防

株元を厚く覆い、保湿と雑草の抑制に役立つ

　ミカンなどの柑橘類の栽培農家で広く活用されている混植です。ナギナタガヤはイネ科の一年草で冬から春にかけて育ち、地表の乾燥を防ぎます。草丈50cmほどになったあと、6月には穂を出して倒れ、ほどなく枯れてきます。その前に草丈10〜15cmで刈り、穂を出させないようにすると、秋まで緑の状態を維持できます。夏の雑草を抑制し、秋には枯れて、最終的には分解されて土の有機物の補給になります。保湿とともに根の保護にもなるほか、益虫のすみかになり、柑橘類の病害虫の被害も減ります。

　ヘアリーベッチもナギナタガヤと同様に使えます。アレロパシーが強く、雑草を抑制し、つるを互いに絡ませながら繁茂したあと、6月には枯れて絨毯状になります。マメ科なので根粒菌の働きで、土が肥沃になります。

応用：ウメ、モモ、ナシ、ブルーベリーなどの栽培にも用いることができる。緑肥作物のイタリアンライグラス、クリムゾンクローバー、赤クローバーなども利用できる。

ミカン農家でのナギナタガヤの混植例。柑橘類の栽培は傾斜地が多く、土の流失防止にも役立つ

栽培プロセス

【品種選び】柑橘類は特に種類は選ばない。ナギナタガヤ、ヘアリーベッチともに緑肥として種が市販されている。

【土づくり】水はけがよく、日光のよく当たる場所を選ぶ。植えつけの1か月前までに植え場所に腐葉土などを鋤き込んでおく。

【柑橘類の植えつけ】春の彼岸ごろが適期。4月上旬までに終える。

【ナギナタガヤ、ヘアリーベッチの種まき】9月下旬〜10月上旬に柑橘類の株元に種をばらまき、軽く土で覆っておく。

【追肥】柑橘類の施肥として、寒肥は3月に油かすなどの有機質肥料を、追肥は6月と10月にぼかし肥などを施す。ナギナタガヤを混植した場合は柑橘類の施肥量を3割ほど多めに施す。ヘアリーベッチの場合は施肥量を少なめにする。

【収穫】柑橘類は種類ごとに適期に収穫。ナギナタガヤの種採りを行うときは出穂後、7月に枯れた穂を刈り取り、さらに乾燥させ、9月に穂から取り出す。ヘアリーベッチは7月ごろには莢から種を取り出せる。

【柑橘類の仕立て】定植から2年めは春に高さ50〜60cmに切り詰め、同時に前年秋に伸びた部分を切り戻す。3年めは春に前年の夏以降に伸びた部分を切り戻し、混み合った部分の枝を間引く。

ポイント

ナギナタガヤは刈り込まずに放置してもよい。7月には枯れて、葉が厚い絨毯状になり、夏の雑草抑制になる。こぼれ種が秋に発芽するが、まだらになることがあるので、一部は種を取り置いて、まき直すとよい。ヘアリーベッチも同様。どちらも雑草化しやすいので、庭などでは管理に気をつける。

ナギナタガヤ、ヘアリーベッチの種まき

柑橘類をすでに植えて育っている場合も同様

9月下旬〜10月上旬に種をばらまく。軽く土で覆っておく。秋の追肥の時期なので、追肥と同時に種をまいてもよい

ブドウ ✕ オオバコ

病気予防

オオバコで菌寄生菌をふやして
うどんこ病を抑える

　ブドウはコーカサス地方から地中海沿岸など、夏に乾燥する地域で育ってきたため、日本の高温多湿の夏が苦手です。梅雨時になるとよく発生するのが、うどんこ病の被害です。葉に白い粉状のカビがつき、傷んで光合成を十分行えなくなり、木の勢いが衰えます。また果房にも発生し、傷んで熟さなくなります。

　そこでブドウの株元や棚下などに生える雑草のオオバコを抜かないでおきます。オオバコにもうどんこ病は発生しますが、ブドウとは菌の種類が異なり、互いに感染することはありません。オオバコのうどんこ病菌に寄生し分解する菌寄生菌がふえて、その菌寄生菌がブドウのうどんこ病菌にも寄生し、被害を抑えてくれます。

応用：果樹ではうどんこ病が発生しやすいリンゴなどに効果的。野菜ではイチゴ、キュウリ、カボチャ、スイカ、トマトなどにも応用できる。

栽培プロセス

【品種選び】ブドウは特に品種を選ばないが、一般的にヨーロッパブドウよりもアメリカブドウの系統のほうがうどんこ病などの病気には強い。

【ブドウの栽培】よく日光の当たる水はけのよい場所を選び、11〜3月に腐葉土を鋤き込んでからやや高植えで植えつける。植えつけ後、主枝を高さ50cm程度で切り、側枝の伸びを促す。

【オオバコの管理】自然に生える場合、そのまま残す。初夏から夏の終わりにかけて長い穂を出し、種をつけるので、こぼれ落ちる前に集め、秋にブドウの株元や棚下にまくとよい。

【ブドウの整枝、剪定】伸びてきた枝を棚に誘引。棚の上で伸びる側枝を数本選び、形よく配置。2年めの冬には主枝を切り戻す。芽が伸びてきたら、上向きの芽はかき取り、ほかの芽は伸ばして新梢とする。3年め以降は前年に伸びた枝を5〜8節で切る。それぞれの芽から伸びた枝に果房がつく。

【整房、摘房、袋かけ】5月に開花し始めたら、花房を切り詰めて形を整え、大きさを制限する。6月には1本の結果枝に1果房とする摘房を行う。果房が大きくなってきたら袋かけをするとよい。

【追肥】2月に寒肥として油かす主体の有機質肥料を施す。6月と9月には追肥としてぼかし肥などを施す。

【収穫】ブドウが色づいて完熟したら収穫。

ポイント
オオバコがあまり生えない場所では、オオムギやエンバクの種を一面にまいて、「カバークロップ（緑肥）」にする方法がある。どちらもうどんこ病が発生しやすく、菌寄生菌をふやす。春に種をまけば穂が出ずに草丈が低いままで育ち、秋には枯れて、有機質の補給にもなる。

オオバコの種まき
オオバコの種は株元から棚下全体にかけてまく　近くの路傍に生えているオオバコから種を採ってまいてもよい

下から伸びる枝は生え際で切り取る

植えて1年めのブドウ

伸びだした枝を棚に誘引。側枝が伸びてきたら、棚に広がるように配置する

ブルーベリー ✕ ミント

害虫忌避　生育促進

株元を保湿しつつ香りで害虫を遠ざける

　ブルーベリーは浅根タイプで酸性土を好むため、株元にはあまりほかの草は生えてきません。一方、ミントは地植えにすると地下茎が広い範囲に伸びて繁茂し、一面を独占します。ところが両者をいっしょに育てると、不思議とよく共存し、しかもミントに助けられて、ブルーベリーの生育がよくなります。

　一つにはミントによって保湿が図られるため、勢いよく徒長枝が伸びて、花芽がつきやすくなることがあります。またミント独特の香りによって、ブルーベリーの害虫の被害が抑えられます。

応用：ミントはブラックベリーなど、ほかのベリー類とも相性がよい。ミントの代わりにタイムなども育てられる。

ブルーベリーの株元にミントが寄り添うように生い茂る。キウイフルーツなどがミントを排除するのとは対照的

栽培プロセス

【品種選び】ブルーベリーの品種には寒冷地に向くノーザンハイブッシュ系、温暖地に向くサザンハイブッシュ系、ラビットアイ系などがある。受粉しやすいように異なる品種を2本以上育てるとよい。ミントは、一般的な立ち性のものも、ほふく性のミントブッシュも利用できる。

【土づくり】ブルーベリーは酸性土を好むので、植えつけ場所に酸度未調整のピートモスを混ぜる。

【植えつけ】ブルーベリーは11〜3月に深植えにならないように植えつける。ミントの植えつけは3月下旬から。ブルーベリーの株元から30cm程度離して植えつける。

【追肥】ブルーベリーは3月に寒肥（元肥）、果実の収穫後（時期は品種で異なる）にお礼肥を施す。ミントには不要。

【収穫】ブルーベリーは色づいたものから収穫。ミントは枝が伸びてきたら随時利用できる。

【ブルーベリーの仕立て】3月に花芽をつけすぎないように枝の先端を切り戻したり、結果枝を間引いたりする。実つきが悪くなった古い枝は冬に間引き、株元から伸びるシュートを伸ばして更新する。

ポイント

ミントは常に草丈10〜15cmになるように剪定し、切った葉を利用するとよい。随時、刈ることで、香りが高まり、害虫よけの効果が高まる。また、剪定して花が咲かないようにすると、霜が降りるころまで収穫できる。

ミントの植えつけ

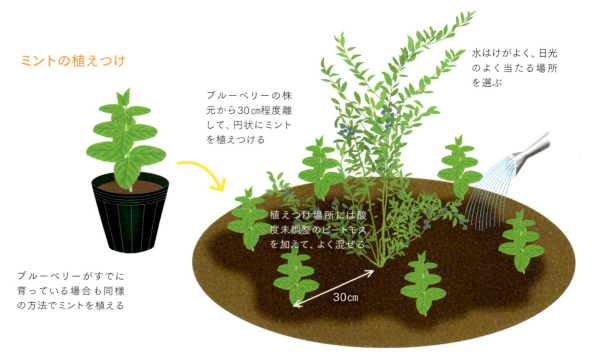

ブルーベリーがすでに育っている場合も同様の方法でミントを植える

ブルーベリーの株元から30cm程度離して、円状にミントを植えつける

水はけがよく、日光のよく当たる場所を選ぶ

植えつけ場所には酸度未調整のピートモスを加えて、よく混ぜる

30cm

カラント類 ✕ ベッチ

 害虫忌避 生育促進

株元を保湿して春から夏の生育を促す

　カラント類には「フサスグリ」の名で知られるレッドカラント、その白実種のホワイトカラント、「カシス」の名でも知られるブラックカラントなどがあります。ヨーロッパが原産地で、寒さには強いものの日本の暑い夏は苦手。寒冷地での栽培に向いています。

　カラント類とコモンベッチの混植は欧米でよく見かけます。日本では牧草用のベッチ類（ウインターベッチなど）を利用します。秋から発芽し、冬の間、地表を薄く覆ったあと、3月になると繁茂し、互いにつるを絡ませて、絨毯状に広がります。冬から春にかけて株元が保湿されることで、カラント類の芽吹きがよくなり、その後の生育が促されて、開花・結実もよくなります。ベッチはマメ科なので、根粒菌による窒素固定が行われ、土が肥沃になります。夏には枯れて地表を覆い、地温の上昇を防ぐとともに保湿し、雑草の発生を抑制します。最終的には分解し、有機物の補給になります。

栽培プロセス

【品種選び】特に品種は選ばない。ベッチ類は寒冷地向きのウインターベッチなどが利用しやすい。晩生で長く緑の状態を保つ。

【カラント類の栽培】日当たりのよい場所を選ぶ。夏は午前中によく日が当たり、午後は日陰ぎみになるところだと夏バテしにくい。土づくりに腐葉土を鋤き込む。12〜2月に植えつけ。1〜2月に枝の混み合った部分を間引く。4〜5年収穫すると枝は老化してくるので、株元から伸びでる新しいシュートに更新するとよい。

【ベッチの種まき】10〜11月にカラント類の株元に種をばらまき、軽く土をかぶせておく。

【追肥】カラント類は2月に寒肥、10月に追肥。いずれも油かす主体の有機質肥料でよい。ベッチにより土が肥沃になるので、単植の場合よりも少なめに。

【収穫】6月下旬〜7月中旬が収穫期。色づいて完熟したものから収穫。ジャムや果実酒などに加工して味わう。

ポイント

ベッチの仲間はアレロパシー（他感作用）が強いと同時に畑では雑草化しやすく扱いには注意が必要だが、果樹には下草として使いやすい。寒冷地ではウインターベッチ、温暖地ではヘアリーベッチとして売られているものが使いやすい。

こんな効果が

生育期に保湿できる
ウインターベッチが株元を絨毯状に覆い、保湿できるので、葉や花がよくつく

土が肥沃になる
ベッチはマメ科なので、根粒菌の働きで土が肥沃になる。カラント類は少ない肥料でもよく育つ

訪花昆虫が集まる
5月にはベッチに花がよく咲き、訪花昆虫を引き寄せ、カラント類がよく受粉できる

カラント

ベッチ

イチジク ✕ ビワ

害虫忌避

ビワとの混植で
カミキリムシの被害を減らす

　イチジクの生産地では、畑のところどころにビワの木が植えられている光景が見られます。ビワがイチジクにつくカミキリムシを忌避する効果があるからだとされています。

　カミキリムシは幹や枝に食い入って、枝や木全体を枯らします。実際には、カミキリムシの種類はたいへん多く、イチジクとビワの両方に被害を与える種類もありますが、全体としてイチジクのほうがかなり被害が多く発生します。中でも代表的な害虫のゴマダラカミキリムシはビワにつくことは少ないようです。科学的にはよくわかっていませんが、ビワの香り物質にカミキリムシを遠ざける作用があると考えられます。

栽培プロセス

【品種選び】イチジク、ビワともに品種は選ばない。

【イチジクの栽培】日当たり、水はけのよい場所を選ぶ。中性の土を好むので、土づくりのときに腐葉土とともに苦土石灰を鋤き込む。11〜3月に植えつけ。高さ30〜50cmで切り、周囲にマルチング。2年めの冬に側枝を3本残してほかは剪定。3年め以降の冬は前年に伸びた新梢を間引いたり、切り戻したりして形を整える。

【ビワの栽培】日当たり、水はけのよい場所を選ぶ。土づくりに腐葉土を鋤き込む。2月下旬〜3月下旬に植えつけ。支柱で固定しておく。冬は花や果実がついているので、剪定は毎年9月。重なった枝を間引き、大きく伸びた枝は先端を切り戻す。生育旺盛なため、放任するとすぐに樹高が高くなる。

【施肥】イチジクは2月に寒肥、6月と10月に追肥。ビワは3月に寒肥、6月と9月に追肥。寒肥は油かす主体の有機質肥料、追肥はぼかし肥など。

【摘蕾、摘果】イチジクは必要ない。ビワは10月から摘蕾する。1つの果房の中で下の段を数段残し、上の段は落とす。3月下旬〜4月上旬に1つの果房に果実を数個残し、袋がけを行う。摘蕾、摘果ともに残す数は、大型品種は少なく、中型品種はやや多くするとよい。

【収穫】イチジクは品種によって6月下旬〜9月下旬まで幅がある。色づき完熟したら収穫。ビワは5月中旬〜6月下旬。完熟したものから収穫。

ポイント

ゴマダラカミキリムシは、ミカンなどの柑橘類にも甚大な被害を与えるので、ビワを混植すると効果的。どちらも温暖地でよく育ち、栽培環境も適合する。

こんな効果が

カミキリムシを忌避できる

ビワはイチジクから多少離れた場所に植えても害虫よけの効果がある。イチジクをたくさん育てる場合は10株にビワ1株程度でもよい

ビワ

白紋羽病（しろもんばびょう）が発生することがあるので、株の周囲にニラを植えるとよい（p.124参照）

ニラ

カミキリムシの被害が少ない

イチジク

単植ではカミキリムシの被害が多い

カキ × ミョウガ

生育促進

カキの未熟果の落果が減り、ミョウガもよく育つ

　かつては多くの家がカキを庭で育てていたものです。その株元には定番のようにミョウガが植えられていました。古くから、相性のよいことが知られていたのでしょう。

　カキは5月下旬に花が咲いたあと、6月下旬～9月中旬にかけて未熟果が自然に落ちる「生理落果」が起こります。その一因は夏の乾燥です。ミョウガをカキの株元で育てると保湿になり、生理落果が減るため、収量が上がります。ミョウガは強い日光と乾燥を嫌い、カキの樹冠下の半日陰でよく育ちます。

　また、ミョウガは11月中旬になると茎葉が枯れて地表を覆い、冬の雑草抑制になります。枯れた茎葉は切って、周囲に敷いてもかまいません。冬の間に分解して、カキの養分になります。

栽培プロセス

【品種選び】 カキ、ミョウガともに特に品種を選ばない。

【カキの植えつけ】 日当たりのよい場所に、11～3月の間に植えつける。市販の接ぎ木苗なら植えつけから4年めには収穫できる。

【ミョウガの植えつけ】 適期は3月中旬。カキの株元から30cm程度離して、円状に株間40cmでミョウガの種株（根株）を植えつける。すでに植えられて大きく育ったカキの場合は樹冠よりも内側の株元から離した位置に植える。

【追肥】 カキの施肥は12～1月の寒肥、7月、10月の追肥の3回。ミョウガには特に必要ない。

【収穫】 カキは色づいたものから収穫。ミョウガは1年めには秋、2年め以降には夏に花ミョウガとして収穫。地面に見えてきたら、こまめに掘り取る。

【カキの整枝】 主幹形に仕立てる。仕立ては冬の落葉期に行う。1年めは主幹を70～80cmで剪定。2年めはいちばん上の枝を1/3に切り詰め、ほかの側枝は取り除く。3年めはいちばん上の枝を半分に切り詰め、下の側枝を2本残す。以後、2年枝を切り、1年枝を残して結果枝とする。

ポイント

ミョウガは3年ほどたつと株が増えて、生育が悪くなる。種株を掘り上げて、カキの樹冠の広がりを考えながら少しずつ外側へ移植する。

カキの株元の半日陰の環境でミョウガもよく繁茂する

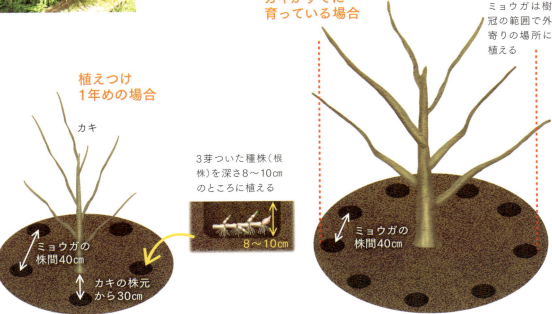

プラム × ニラ

病気予防

樹幹の縁をニラで取り囲み
病気の発生を防ぐ

　プラム（スモモ、プルーンなど）は春の萌芽や新梢の伸びが悪かったり、樹冠の外側の葉の色が悪くなったりすることがあります。花芽はたくさんつくものの、実は大きくならず、徐々に木の勢いが衰えてきます。白紋羽病と呼ばれる病気で、根に白紋羽病菌（カビの仲間）が侵入し、菌糸を伸ばして維管束が詰まってしまうため、最後には木が枯れてしまいます。ウメ、リンゴ、ナシなどにもよく見られる病気です。

　ニラの抗菌作用と根に共生する善玉菌が分泌する抗生物質によって防除します。伝承的に一部の生産者の間で行われてきた方法です。

応用：アンズ、ウメなど、スモモの仲間（スモモ亜属）の樹種には有効。

栽培プロセス

【**品種選び**】プラムは受粉樹が必要な種類が多いので注意。ニラは品種を選ばない。

【**プラムの栽培**】日当たり、水はけのよい場所に。水はけが悪いと白紋羽病が発生しやすい。完熟堆肥や腐葉土で土壌改良をしておく。11～3月にやや浅めに植えつけ。主枝を50cmで切り、2年めの冬にメインの枝を2本残し、斜めに誘引。3年め以降は伸びてきた枝を切り戻し、短果枝を出させる。

【**ニラの植えつけ**】5月中旬～6月中旬が最適期だが、冬以外は植えつけられる。プラムの株元から離して、新根が伸びる付近（樹冠の縁近く）を木を取り囲むように植えつける。

【**追肥**】プラムには2月に寒肥、5月と10月に追肥する。ニラには特に必要ない。

【**収穫**】種類によるが、スモモは6月下旬～8月下旬、プルーンは8月下旬～9月下旬がメイン。色づき完熟したものから収穫。ニラはp.63参照。

ポイント

白紋羽病はプラム以外の果樹にも発生する。寒冷地でおもに栽培されるリンゴなどにはアサツキを植えつける伝承農法もある。

プラムの株元にニラを混植した例

124

オリーブ X ジャガイモ、ソラマメなど

 空間利用 生育促進

株元を利用して冬から初夏まで野菜を育てる

　イタリア、スペインなどの地中海沿岸諸国のオリーブの有機栽培農園でよく見かける混植です。オリーブの株元の空いた空間を利用して、晩秋から初夏までの間にジャガイモ、ソラマメ、タマネギなどの野菜を育てます。環境が多様になり、オリーブの害虫が少なくなります。また、混植によって菌根菌の菌糸によるネットワークが発達して、異なる種類の植物間で養分のやりとりが行われ、互いの生育が促進されます。オリーブは常緑なので、野菜にとっては寒風よけにもなります。

　野菜以外ではマメ科の緑肥作物としてコモンベッチを一面に育てると冬から春の保湿になり、根に共生する根粒菌の働きで土も肥沃になります。

栽培プロセス

【品種選び】オリーブは果実を収穫するには基本的に受粉樹が必要なので注意。ジャガイモ、ソラマメ、タマネギは特に品種を選ばない。

【オリーブの栽培】日当たりがよく、水はけのよい場所を選ぶ。中性の土を好むので、土づくりのときに腐葉土とともに苦土石灰を鋤き込む。植えつけ後、高さ50cmで切り、2年め以降は2～3月に伸びすぎた枝を随時切り戻し、枝数を増やす。摘果は7月中旬～8月中旬。

【ジャガイモ、ソラマメ、タマネギなどの栽培】ジャガイモはp.80、ソラマメ、タマネギはp.64～65を参照。

【追肥】オリーブは3月に寒肥、6月と11月に追肥を施す。ほかの野菜はそれぞれの栽培に従う。

【収穫】オリーブの収穫は10～11月。

ポイント

オリーブの鉢植えでは、あまり栽培面積をとらないタマネギ、ニラなどを混植するとよい。オリーブの白紋羽病などの発生を効率よく防ぐことができる。ムギなどを育ててもよい。

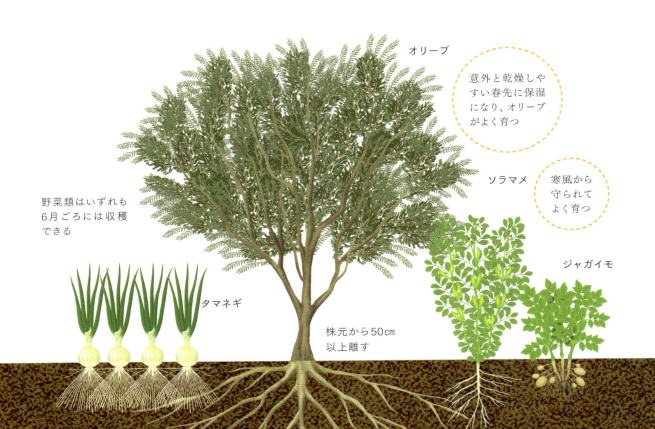

コンパニオンプランツ早見表

相性のよい組み合わせと期待される効果

作物	コンパニオンプランツ	病気予防	害虫忌避	生育促進	空間利用	リレー栽培	ページ数
イチゴ	ペチュニア			●	●		69、89
	ニンニク	●	●	●	●		69、88
	長ネギ	●	●	●			88
イチジク	ビワ		●				122
インゲン	ルッコラ		●	●			46
	ナス		●	●			18
	サツマイモ		●	●			79
	ゴーヤー		●	●			47
	トウモロコシ		●	●			38
ウメ	リュウノヒゲ			●	●		－
エダマメ	トウモロコシ		●	●			42、69
	サニーレタス		●	●			44
	ミント		●				45
	ニンジン			●		●	75、98
	ハクサイ			●	●		96
	ダイコン			●	●		98
	越冬ブロッコリー			●	●		110
オクラ	エンドウ			●	●		69
	ニンニク	●	●				105
オリーブ	ジャガイモ、ソラマメ、タマネギ			●	●		125
カキ	ミョウガ			●			123
カブ	ニンジン		●	●			76
	葉ネギ	●	●	●			70
	リーフレタス		●				71
	シュンギク		●				58、71
カボチャ	オオムギ	●		●			31
	クローバー、オオバコ	●		●			－
	長ネギ	●		●			30
	トウモロコシ			●	●		28、92
	スズメノテッポウ	●	●	●			35
	タマネギ	●	●		●	●	106
	ナス	●			●		－
カラント類	ベッチ		●	●			121
キャベツ	サニーレタス		●	●			48
	ニンジン		●				－
	サルビア		●				－
	ハコベ、シロツメクサ		●	●			36、51
	ダイコン	●		●		●	103
春キャベツ	ソラマメ		●	●	●		50、69
キュウリ	長ネギ	●	●				26
	ムギ	●	●	●			27、69
	ナガイモ			●	●		24
	ニンニク	●	●		●		101
ゴボウ	ラッキョウ		●		●		108
	ホウレンソウ		●	●			57
コマツナ	アカザ、シロザ			●			36、55
	シュンギク		●				58
コマツナ	ニラ	●	●				55
	ニンジン		●	●			76
	リーフレタス		●				54、71
ゴーヤー	ヤンバルハコベ		●	●			－
	インゲン（つるあり）		●	●	●		47
	ニラ	●					－
コンニャクイモ	エンバク	●					－
サツマイモ	赤ジソ		●				78
	ササゲ（つるなし）			●			79
	インゲン			●			79
	ダイコン					●	104
サトイモ	ショウガ		●	●	●		84
	ジャガイモ		●		●		80
	ダイコン			●	●	●	69、86
	パセリ		●		●		87
	セロリ		●		●		87
	トウモロコシ			●	●		41
シソ	赤ジソ、青ジソ		●				90
ジャガイモ	ギシギシ	●	●				82
	サトイモ		●		●		80
	アカザ、シロザ		●	●			82
	セロリ		●				83
	オリーブ			●	●		125
	越冬ブロッコリー				●	●	111
シュンギク	アブラナ科野菜		●				58、60
	バジル		●				59
ショウガ	サトイモ		●	●	●		84
	ナス		●	●	●		16
	ブロッコリー			●	●		－
スイカ	トウモロコシ			●			28
	長ネギ	●					32
	オオムギ	●					31
	スベリヒユ		●				33
	ホウレンソウ			●		●	99
ソラマメ	オリーブ			●			125
	春キャベツ		●	●	●		50、69
	タマネギ	●		●			64
ダイコン	ハコベ		●	●			72
	ナス		●	●			19
	マリーゴールド		●				72
	サトイモ			●	●		86
	サツマイモ					●	104
	ニンジン		●	●			76
	ルッコラ		●	●			72
	カブ		●				77
	エダマメ			●	●		98
	キャベツ	●		●		●	103

作物	コンパニオンプランツ	病気予防	害虫忌避	生育促進	空間利用	リレー栽培	ページ数
タマネギ	クリムソンクローバー		●	●			66
	ソラマメ	●		●	●		64
	カモミール			●			67
	カボチャ	●	●	●	●	●	106
	ナス	●		●		●	107
チンゲンサイ	シュンギク		●				58、60
	葉ネギ		●	●	●		60、70
	リーフレタス			●	●		60、71
	ニンジン		●				76
	トマト		●	●			100
トウモロコシ	ダイズ（エダマメ）		●	●		●	42、69
	アズキ		●	●			40
	インゲン（つるあり）		●	●	●		38
	カボチャ		●	●	●		28
	スイカ		●	●	●		28
	ミツバ		●	●			41
	サトイモ		●	●	●		41
	スベリヒユ		●	●			—
トマト	ニラ	●	●	●			15、69
	チンゲンサイ		●	●	●	●	100
	ラッカセイ	●	●	●	●		12、69
	バジル		●	●			14
ナス	パセリ		●	●	●		20、69
	ニラ	●	●	●			21
	ラッカセイ		●	●	●		12
	インゲン（つるなし）		●	●	●		18
	ショウガ		●	●	●		16
	ダイコン		●	●	●		19
	タマネギ	●		●		●	107
ニラ	アカザ			●			63
	プラム	●					124
ニンジン	エダマメ		●	●		●	75、98
	ダイコン、ラディッシュ		●	●			76
	カブ、チンゲンサイ		●	●			76
ニンニク	クリムソンクローバー		●	●			—
	イチゴ	●	●	●	●		88
	オクラ	●	●	●		●	105
	キュウリ	●	●	●			101
ネギ	ホウレンソウ	●		●			56、69
	カブ	●	●	●			70
ハクサイ	ナスタチウム		●				53
	レタス		●				—
	エンバク	●	●	●			52、69
	エダマメ			●		●	96
パセリ	ナス		●	●	●		20、69
ピーマン	インゲン		●	●			18
	ナスタチウム		●				22
	ラッカセイ			●			12
	ニラ		●	●			23
	ホウレンソウ、レタス			●	●		102
ブドウ	オオバコ	●					119

作物	コンパニオンプランツ	病気予防	害虫忌避	生育促進	空間利用	リレー栽培	ページ数
ブドウ	カタバミ						—
プラム	ニラ	●					124
ブルーベリー	ミント		●	●			120
ブロッコリー	サルビア		●				49、68
	レタス		●		●		48、62
	ショウガ		●				—
	ソラマメ		●				50
	ハコベ、シロツメクサ				●		51
	ホウレンソウ				●		109
	エダマメ			●			110
	秋ジャガイモ					●	111
ホウレンソウ	葉ネギ	●		●			56、60
	ゴボウ				●	●	57
	アブラナ科野菜		●				60
	スイカ				●		99
	ピーマン			●	●		102
	ブロッコリー				●		109
ミカン（柑橘類）	ナギナタガヤ、ヘアリーベッチ	●	●				118
	カタバミ						—
ミズナ	スベリヒユ		●				
	リーフレタス				●		71
	シュンギク		●				58
	ニラ		●				55
ミョウガ	ローズマリー			●	●		91
	カキ				●		123
メロン	チャイブ		●				34
	スズメノテッポウ		●	●			35
	長ネギ	●					34、69
ライムギ	レンゲ						—
ラッカセイ	トマト			●			12
	ナス、ピーマン			●			12
ラッキョウ	ゴボウ				●	●	108
ラディッシュ	バジル		●				74
	ニンジン		●				76
レタス	アブラナ科野菜		●				48、54、62、71
ローズマリー	ミョウガ			●	●		91

避けたい組み合わせ

作物	避ける作物	現れる障害
イチゴ	ニラ	生育が悪くなる
キュウリ	インゲン	センチュウがふえる
スイカ	インゲン	センチュウがふえる
ダイコン	長ネギ	枝根になる
トマト	ジャガイモ	生育が悪くなる
ナス	トウモロコシ	生育が悪くなる
ニンジン	インゲン	センチュウがふえる
ジャガイモ	キャベツ	生育が悪くなる
メロン	インゲン	センチュウがふえる
レタス	ニラ	生育が悪くなる
キャベツ	ゴマ	生育が悪くなる
野菜全般	ハーブ類	生育が悪くなる

木嶋利男（きじま・としお）

東京大学農学博士。MOA自然農法文化事業団理事。栃木県農業試験場生物工学部長などを経て、自然農法や伝承農法の研究と後継者の育成に携わる。『伝承農法を活かす　種まきと植えつけの裏ワザ』（家の光協会）、『「育つ土」をつくる家庭菜園の科学』（講談社ブルーバックス）など、著書多数。

デザイン	山本　陽（エムティ クリエイティブ）
イラスト	山田博之
構成・文	三好正人
写真協力	木嶋利男、高橋　稔、瀧岡健太郎、若林勇人
校　　正	佐藤博子
DTP制作	天龍社

育ちがよくなる！ 病害虫に強くなる！ 植え合わせワザ88

決定版 **コンパニオンプランツの野菜づくり**

2018年5月1日　第1刷発行
2024年4月25日　第9刷発行

著　者	木嶋利男
発行者	木下春雄
発行所	一般社団法人　家の光協会
	〒162-8448　東京都新宿区市谷船河原町11
	電話　03-3266-9029（販売）
	03-3266-9028（編集）
	振替　00150-1-4724
印刷・製本	株式会社東京印書館

乱丁・落丁本はお取り替えいたします。定価はカバーに表示してあります。
© Toshio Kijima 2018 Printed in Japan
ISBN978－4－259－56575－6 C0061